PLANUNGSVORSCHLÄGE

ZUM WIEDERAUFBAU
DES DEUTSCHEN FERNSPRECHNETZES
MIT FERNWÄHLBETRIEB

VON

DR.-ING. MARTIN HEBEL

LEIBNIZ VERLAG MÜNCHEN
BISHER R. OLDENBOURG VERLAG

Dr. Martin Hebel, geboren am 17. 10. 1895 in Burghausen, lebt in Hechendorf am Pilsensee (Obb.)
Copyright 1948 by Leibniz Verlag (bisher R. Oldenbourg Verlag) München. Veröffentlicht unter der
Zulassungsnummer US-E-179 der Nachrichtenkontrolle der Militärregierung (Dr. Manfred Schröter und
Dr. R.C. Oldenbourg). Auflage 750. Druck und Buchbinder : R.Oldenbourg,Graph. Betr. GmbH., München.

A. NACHKRIEGSSITUATION

Unabsehbar wie auf allen Gebieten sind die Folgen der nationalsozialistischen Herrschaft und ihres Zusammenbruches in dem größten Krieg, den die Menschheit je erlebt hat, auch im Fernmeldewesen. Nicht nur der Bereich des einstigen Deutschen Reiches, das gesamte europäische Gebiet hat unter den Auswirkungen des Krieges zu leiden und steht vor der Aufgabe, einen systematischen Neuaufbau der Fernmeldenetze und -einrichtungen zu vollziehen. Ganz besonders furchtbar sind die Zerstörungen dort, wo sich die Endphase des Krieges abgespielt hat, im Restgebiet des Deutschen Reiches, wo mit den zerstörten Städten auch die Ortsnetze und die Fernsprechvermittlungseinrichtungen weitgehend vernichtet wurden.

Gerade die Großstadtnetze, die Sammelpunkte des Fernmeldeverkehrs und Knotenpunkte der Fernmeldenetze sind so schwer betroffen, daß der Wiederaufbau Aufgaben für Jahrzehnte stellen wird. Man wird sich darüber klar sein müssen, daß die durch diese Zerstörungen bedingten Rückschläge des Fernmeldeverkehrs, insbesondere des Fernsprechverkehrs erst in Jahren überwunden werden können, und zwar aus den verschiedensten Gründen:

Die Herstellerfirmen sind von den Folgen des Krieges ebenso schwer mitgenommen worden und müssen vielfach ihre Tätigkeit mit einem weitgehenden Neuaufbau beginnen. Verlagert und zersplittert müssen diese Fabrikationsstätten erst wieder aufeinander abgestimmt werden, ehe eine Lieferung großen Stils, wie sie diese Wiederinstandsetzung verlangt, erwartet werden darf. Rohstoffmangel, Fehlen geeigneter Arbeitskräfte, Schwierigkeiten der Heizung, Beleuchtung und Stromversorgung werden diesen Wiederaufbau erschweren und verzögern.

Der gesamte deutsche Wirtschaftsapparat ist in völlige Unordnung geraten, die Teilnehmer, vor allem die Inhaber der großen Nebenstellenanlagen, Firmen, Behörden und sonstige Wirtschaftsinstitute sind von den Großstädten in kleinere, noch besser erhaltene Orte verlagert und mit ihnen hat der Fernmeldeverkehr eine weitgehende Neuverteilung erfahren, für die die Netze selbst, soweit sie intakt geblieben sind, nicht bemessen waren. Es wird auch hier lange dauern, bis alle diese Teilnehmer an ihre alten Wohnsitze zurückkehren können und diese allmähliche Rückwanderung, welche neben einer noch keineswegs abgeschlossenen Neuansiedlung einhergeht, wird einen dauernden Wechsel in der Verkehrsverteilung zur Folge haben, den die Fernmeldetechnik in ihren heutigen schwierigen Verhältnissen nur mit Mühe zu bewältigen vermag.

Die Unsicherheit der politischen Lage, sowohl im Innern Deutschlands als auch in seiner Abgrenzung, werden für den internationalen Fernverkehr größte Schwierigkeiten bringen und nicht zuletzt wird der gesamte wirtschaftliche Rückschlag, der bis an die Grenze des Erliegens der deutschen Wirtschaft geführt hat, seine starken Rückwirkungen auf die Fernmeldetechnik der kommenden Jahre ausüben. Es wird schwere Veränderungen ergeben, wenn von dem heutigen Inflationscharakter in ein stabileres Verhältnis durch Einführung einer neuen Währung übergeleitet wird. Die Gesprächsziffer und die Zahl der Teilnehmer wird sich vermutlich beträchtlich vermindern, wenn auch erfahrungsgemäß in Zeiten schwerster wirtschaftlicher Existenzkämpfe die Fernmeldetechnik stark in Anspruch genommen wird.

Für den planenden Fernmeldetechniker, der auf Grund von Gesprächsziffern, Gesprächszeitwerten und Verkehrsdiagrammen Unterlagen für die Dimensionierung der Netze und Vermittlungseinrichtungen schaffen soll, werden schwer übersehbare Zeitabschnitte folgen, welche einer auf weite Sicht abgestellten Planung keinerlei feste Grundlagen bieten können.

Und trotz all dieser Schwierigkeiten muß das deutsche Fernmeldewesen wieder auf einen möglichst hohen Stand gebracht werden, wenn es seine Aufgaben im kommenden harten Wirtschaftskampf erfüllen soll. Infolge seiner zentralen Lage in Europa wird das Fernmeldenetz auch künftig wieder Durchgangsnetz für die internationalen europäischen Verkehrsbeziehungen werden, und es wird auf die Dauer nicht möglich sein, diese Verkehrswege um das Deutsche Reichsgebiet herumzuleiten. Die deutsche Fernmeldeindustrie ist ein sehr wichtiger Faktor im Rahmen der deutschen Wirtschaft, als eine Industrie, welche dem an Rohstoffen armen, übervölkerten und mit geistig hochgeschulten Technikern so überfüllten Deutschland die Möglichkeit bietet, an jedes Kilo Rohstoff ein Maximum von Arbeitslöhnen und damit Existenzmöglichkeiten zu knüpfen.

So ist der Wiederaufbau des Deutschen Fernmeldewesens in mehr als einer Hinsicht Lebensfrage für das Deutsche Volk.

B. PROBLEME DES WIEDERAUFBAUES

Die Technik aller Richtungen unterliegt einer dauernden Veränderung und Weiterentwicklung, und vielfach ergeben sich neue Möglichkeiten in so rascher Folge, daß eine Betriebsverwaltung von dem Umfang der Deutschen Post mit ihren Netzen und Einrichtungen all diesen Neuerungen nicht unmittelbar folgen kann. Schon allein die wirtschaftliche Notlage zwingt dazu, die Lebensdauer der einmal geschaffenen Netzteile voll auszuwerten. So gilt es also, zwischen der Forderung, neueste Möglichkeiten rasch zu erfassen und auszuwerten und der vollen Ausnützung des Vorhandenen Übergangslösungen zu schaffen, welche zum mindesten bei Aufbrauch alter Einrichtungen eine Erneuerung nach dem neuesten Stand der Technik offenlassen. Die weitgehenden Zerstörungen im deutschen Fernsprechnetz müssen in diesem Sinne dazu führen, bei notwendigen Neubeschaffungen die zwischenliegende Entwicklung zu berücksichtigen. Damit kann der ungeheuer schwierigen augenblicklichen Lage wenigstens e i n e vorteilhafte Seite abgewonnen werden.

An die Spitze des Wiederaufbaues muß eine G e s a m t p l a n u n g gestellt werden, welche, ausgehend von der Erfassung des noch brauchbar verbliebenen Teiles, für die Neubeschaffung technische Wege aufzeigen muß, um das gesamte neu erstehende Netz auf den heutigen Stand der Fernsprechtechnik in der Welt zu heben. Für diesen Gesamtplan seien daher grundsätzliche Gedanken und Vorschläge aufgezeigt, wie sie einerseits aus den Entwicklungsjahren der ähnlich gelagerten Nachkriegsjahre von 1922 bis 1933 nahegelegt werden, andererseits auf Grund zwischenliegender Neuentwicklungen und nach dem neuesten Vorgehen des Auslandes als zweckmäßig erscheinen.

Eingliederung des Deutschen Fernmeldenetzes in das Weltverkehrsnetz

Der Gedanke des Weltverkehrsnetzes, welcher die Verbindung jeder Teilnehmersprechstelle irgendwo in der Welt mit jeder anderen erlaubt, verlangt die systematische Eingliederung des deutschen Netzes in dieses Weltnetz. Die Richtlinien hierfür sind beim Aufbau des früheren deutschen Fernkabelnetzes bereits zugrunde gelegt worden und hier gilt es nur, unter Berücksichtigung der neuen Landesgrenzen und der dadurch bedingten neuen Verkehrsverteilung, die früheren Pläne wieder aufzugreifen und die bestehenden Fernkabelnetze nach den Richtlinien des CCIF. wieder neu zusammenzufügen, soweit sie durch die Erschütterungen des Krieges zerschnitten wurden. Die bekannte Aufteilung in Netzebenen sieht für den internationalen Verkehr in jedem Land ein Weltfernamt vor, in welches im wesentlichen die aus dem Ausland kommenden Fernmeldeverbindungen einmünden, um dann über das Landesnetz verteilt zu werden. Dieses Weltfernamt war in Deutschland in erster Linie Berlin, doch sind im europäischen internationalen Nachbarverkehr auch große Durchgangsfernämter wie Köln, Frankfurt/M., München, Stuttgart, Eingangsstellen dieses Auslandsverkehrs gewesen. Durch die neuen deutschen Grenzen ist Berlin in ungünstiger Weise an den Rand gedrängt, und so wird ein zentralgelegenes Durchgangsamt, wahrscheinlich Frankfurt/M., künftig in erster Linie berufen sein, die Rolle des Weltfernamtes für das deutsche Gebiet zu übernehmen, und daneben wird man weitgehend die Durchgangsfernämter, welche in Richtung der aus dem Ausland kommenden Gesprächswege günstig liegen, zum Eingang für diesen Verkehr ausbauen.

Die Ebene der Durchgangsfernämter, welche möglichst alle miteinander mit hochwertigen Vierdrahtwegen verbunden sind, bildet für den Verkehr des Inlandes die oberste Netzeinheit. Solche Durchgangsfernämter werden Frankfurt/M., Köln, München, Nürnberg, Stuttgart, Hamburg, Berlin, Leipzig und noch einige weitere sein, wie wir später bei Besprechung des Landeswählnetzes an Hand von Kartenskizzen feststellen wollen.

Die Ebene der Verteilerfernämter soll in diesem Systemaufbau als nächste Einheit angeführt werden, und die Verteilerfernämter sollen mit dem Durchgangsfernamt, dessen Verkehr sie weiterzuleiten haben, ebenfalls mit Vierdrahtleitungen verbunden sein. Um jedes Durchgangsfernamt wird sich ein Ring solcher Verteilerfernämter zu gruppieren haben, und soweit diese Verteilerfernämter untereinander benachbart sind, werden sie auch mit Vierdrahtleitungen unter sich verbunden sein.

Als letztes Element in diesem Netzaufbau erscheinen die sog. Endfernämter, welche über ihr eigenes Ortsnetz und eine Reihe im Ring in ihrer Umgebung liegender Seitenämter den Verkehr dem Teilnehmer zuleiten. In dieser Netzebene der Endfernämter und im Verkehr der Endfernämter mit dem Verteilerfernamt wird zunächst die Vierdrahtleitung durch den Zweidrahtweg ersetzt und der Verkehr in dieser Ebene verstärkerlos abgewickelt werden. Für diesen Netzaufbau muß nach Wahl der künftig gedachten Betriebsform die zweckmäßigste Dämpfungsaufteilung festgelegt werden und diese wiederum ist bestimmend für die räumlichen Abmessungen, die man den einzelnen Netzgebilden geben will, und für den Rang, den die Vermittlungsstellen der verschiedenen Ortsnetze im Rahmen des Netzes erhalten.

Entscheidung über die Betriebsform

Die internationalen Richtlinien für den Fernsprechbetrieb auf diesem Netz stellen keine Bedingungen für die Betriebsart in den einzelnen Teilen dieses Netzes. Handbetrieb, halbautomatischer und vollautomatischer Betrieb bestehen in den verschiedenen Ländern noch nebeneinander und selbst die höchstentwickelten Fernsprechnetze, z. B. der Vereinigten Staaten, wickeln den Fernverkehr noch überwiegend mit Handvermittlung ab. Doch ist das „Nation wide dialing" bereits festes Programm. In den europäischen Netzen standen halb- und vollautomatischer Verkehr in den Entwicklungsjahren in starkem Wettbewerb, doch hat sich diese Entwicklung überall mehr und mehr für die automatische Form des sog. Selbstwählverkehrs entschieden, wobei die Entfernungsgrenzen für die selbsttätige Abwicklung noch sehr unterschiedlich gezogen sind. Kleine und mittelgroße Länder haben den Verkehr des ganzen Landesnetzes schon auf Selbstwählverkehr umgestellt, und an der Spitze dieser Entwicklung stehen wohl Holland und die Schweiz. Innerhalb des Deutschen Netzes ist der Selbstwählverkehr im bayerischen Gebiet am weitesten durchgebildet worden, wo seit 1925 der systematische Ausbau in dieser Form erfolgte. War damals der Selbstwählverkehr innerhalb des ganzen bayerischen Netzes schon fest geplant und in den folgenden Jahren z. T. verwirklicht, so wurde ab 1933 eine Beschränkung auf Entfernungen von etwa 100 km vorgenommen. Die Automatisierung des Fernverkehrs vollzog sich in Form der Netzgruppe und man setzte als Grenze den Verkehr im sog. Netzgruppenverband, d. h. einer zentralen Netzgruppe mit allen umliegenden Netzgruppen.

Die halbautomatische Form war zunächst außerhalb des bayerischen Gebietes als Überweisungssystem eingeführt worden und zwar zur Erfassung des Nahverkehrs, während eine vom Schrank ausgehende Fernwahl auf größere Entfernungen, ebenfalls zuerst in Bayern seit 1924 in großem Maßstab zur Anwendung gebracht worden war. Auch die halbautomatische Form des Wählverkehrs schuf Netzgebilde ähnlich der Netzgruppe, allerdings mit grundsätzlich anderem Aufbau, da die unbedienten Wählvermittlungsstellen im Umkreis um das sog. Überweisungsfernamt mit direkten Leitungen an dieses angeschaltet sein mußten. Um die Gebühr zu erfassen, mußte in dieser halbautomatischen Verkehrsform eine Schrankbeamtin in die Nahverkehrsverbindungen eingeschaltet bleiben und so mußten alle Verbindungen, auch die von Nachbarämtern, über das Überweisungsfernamt geleitet werden. Irgendwelche Querverbindungen waren dabei nicht möglich, solange nicht eine selbsttätige Gebührenerfassung vorgesehen war.

Hatte die Netzgruppe des Selbstwählverkehrs im Umkreis um ein zentrales Hauptamt, den sog. Netzgruppenmittelpunkt, einen Kranz sog. Knotenämter gelegt, die man auch Verbundämter I. Grades nannte, und an welche wiederum sog. Endämter oder Verbundämter II. Grades angeschlossen waren, so fehlten in der Überweisungsnetzgruppe diese Hilfsverknotungsstellen und es wird die Größenordnung der Überweisungsnetzgruppe wesentlich kleiner, so daß sie dem Flächenbereich eines Knotenamtsbereiches im Selbstwählverkehr nahekommt. Sie ist praktisch etwas größer als dieser, aber wesentlich kleiner als der Netzgruppenbereich und nur so rechtfertigt sich die direkte sternförmige Zusammenfassung der Leitungen im Überweisungsfernamt. Dieser Größenvergleich ist wichtig, sowohl für die Dämpfungsaufteilung im Gesamtnetz, als auch für die Frage der zweckmäßigsten Abgrenzung der Netzgruppe in dem Augenblick, wo die Form des Selbstwählverkehrs im ganzen Landesgebiet zur Durchführung gelangt.

Die halbautomatische Form des Fernwählverkehrs, namentlich für die Nahverkehrsbeziehungen erlaubt eine andere Netzgestaltung unter Schaffung von weiteren Verknotungsstellen zur Erzielung größerer Bündel in dem Augenblick, wo man sich zur selbsttätigen Gebührenerfassung entschließt. Dann kann man sich damit begnügen, den Teilnehmer entweder beim Aushängen oder nach Wahl einer bestimmten Ziffer, etwa Null-Null, mit der Vermittlungsbeamtin zu verbinden und zwar nur über einen stichleitungsartigen Anschluß, und dann kann die Beamtin für den Teilnehmer die Verbindung wählen, um dann wieder aus dieser auszuscheiden. Eine Zeitzonenzählereinrichtung oder eine automatische Zetteldruckereinrichtung mit Zeitüberwachung sorgt für die Festlegung der Gebühr. Da diese Betriebsform sich völlig dem vollautomatischen Netzaufbau anpassen kann, da andererseits auch im Selbstwählverkehr ein gewisser Prozentsatz von Teilnehmern erfahrungsgemäß die Handvermittlung in Anspruch nehmen will, so ist die weitere Frage, ob man nicht die modernste und vielseitigste Betriebsform erhält, wenn man grundsätzlich dem Teilnehmer die Wahl überläßt, innerhalb des für Wählbetrieb ausgebauten Netzes die Verbindung selbst zu wählen oder unter

Ausnützung der gleichen Wählerelemente und Gebührenerfassungseinrichtungen lediglich die Verbindung durch eine Beamtin aufbauen zu lassen. Für diese Form kann der Name Doppelbetriebssystem vorgeschlagen werden und dabei wäre die Verwaltung der Entscheidung über die Entfernungsgrenze des Selbstwählverkehrs oder halbautomatischen Verkehrs enthoben, so daß sie es dem Teilnehmer überlassen kann, welche Verkehrsform er vorzieht. Die Erfahrung hat gezeigt, daß der Anteil des Verkehrs, den der Teilnehmer lieber durch eine Beamtin herstellen läßt, mit zunehmender Entfernung anwächst, vor allem schon deshalb, weil der Geltungsbereich des Teilnehmerverzeichnisses den Selbstwählverkehr durch Unkenntnis der Teilnehmerrufnummern beschränkt. Die Ausgabe von Teilnehmerverzeichnissen für größere Verkehrsgebiete würde zweifellos der Ausdehnung des Selbstwählverkehrs Vorschub leisten. Ein Teilnehmerverzeichnis für Süd- und Nordbayern, vielleicht auch für ganz Bayern oder die Verbreitung der regionalen Teilnehmerverzeichnisse über das ganze Landesgebiet müßte in diesem Sinne erwogen werden.

Die Benützung des Selbstwählverkehrs ist eine Frage der Verkehrsbeziehungen weit mehr als der Entfernung. Wenn zwischen Teilnehmern von München und Frankfurt rege Geschäftsverbindungen bestehen, so sind sie an einem Selbstwählverkehr lebhaft interessiert, während die Möglichkeit des selbsttätigen Vorortsverkehrs nach vielen Richtungen weit weniger Bedeutung besitzt. Dieser Tatsache trägt das Doppelbetriebssystem in vollkommenster Weise Rechnung, insoferne die halbautomatische Handvermittlung unabhängig von der Entfernung und ohne Nachteile für die Verwaltung jederzeit die seltenen Verkehrsfälle übernehmen kann, während der Selbstwählverkehr als rascheste Form den überwiegenden Teil der Verkehrsabwicklung übernimmt. Aus diesen Erfahrungen heraus wird für das deutsche Netz ein Doppelbetriebssystem vorgeschlagen, welches einheitlichen Netzaufbau für Selbstwählverkehr und halbselbsttätigen Verkehr besitzt, wobei beide Verkehrsformen die gleichen Einrichtungen zur selbsttätigen Gebührenerfassung auswerten.

Die handvermittelten Ämter sind im Überweisungssystem sowohl wie auch im Netzgruppensystem bereits auf die Mittelpunkte der sternförmigen Netze beschränkt worden. Die zahlenmäßige Verringerung und die Zusammenfassung des Verkehrs brachte auch für diesen handvermittelten Verkehr den ununterbrochenen Tag- und Nachtbetrieb, und so würde auch im Doppelbetriebssystem die Handvermittlung auf den Netzgruppenmittelpunkt beschränkt bleiben. Der Netzaufbau würde sich dem der Netzgruppe anpassen, also mit End- und Knotenämtern und Netzgruppenhauptämtern, und das Hauptamt würde Sitz der Handvermittlung werden.

Die Entwicklung des Fernsprechbetriebes hat zunehmend den sog. Sofortverkehr gebracht, im Gegensatz zum Anmeldeverkehr mit Rückruf, der in der Zeit des Wartezeitverkehrs notwendig geworden war. Die Durchbildung dieses Sofortverkehrs, der auch über die Grenzen des Landes hinweg empfohlen ist, begünstigt die Anwendung des Doppelbetriebssystems und läßt die darin enthaltene halbautomatische Handvermittlung als günstigste Form dieses Sofortverkehrs erscheinen. Die bestehenden Schwierigkeiten in der Erfassung der rufenden Nummer würden dabei durch die selbsttätige Gebührenermittlung gelöst.

Es ist eine Frage des künftigen Netzaufbaues, insbesondere in der Bereitstellung genügender Verkehrswege, in wieweit dieser Sofortverkehr im künftigen deutschen Netz durchgeführt werden kann. Die Trägerfrequenztechnik hat gerade für die Weitverkehrsbeziehungen zahlreiche Verkehrswege geschaffen und die vorhandenen Kabelnetze können durch geringfügigen Umbau zur Aufnahme von Trägerfrequenzkanälen angepaßt werden. Da der Selbstwählverkehr oder die geplante Form des halbautomatischen Verkehrs mit selbsttätiger Gebührenerfassung im Rahmen eines Doppelbetriebssystems den raschesten Verbindungsaufbau mit geringsten Verlustzeiten erlaubt, wird dieser Sofortverkehr wenigstens ohne erheblichen Kupferaufwand zu einem hohen Prozentsatz durchgeführt werden können.

Daneben werden aber für den Verkehr über die Landesgrenze und für besonders ungünstig gelagerte Verkehrsfälle noch Verbindungen mit Wartezeit abgewickelt werden müssen. Sie werden über Anmeldung und Rückruf herzustellen sein und zu ihrer Abwicklung werden in den höchsten Verkehrssammelpunkten, namentlich in den Durchgangsfernämtern besondere Schränke vorzusehen sein. Aber auch dieser Rückrufernverkehr kann die Einrichtungen der automatischen Gebührenerfassung mitbenützen und damit die Bedienung am Fernplatz vereinfachen und beschleunigen, so daß sich auch diese Verkehrsform in den Rahmen des Doppelbetriebssystems homogen einfügt.

Eine andere Frage ist die der Aufschaltung. Die Forderung der Aufschaltung, die später noch eingehend behandelt werden soll, wird als Betriebsreserve auch neuestens allgemein erhoben, nicht zuletzt auch durch die Besatzungsmacht, und so wird neben dem Selbstwählverkehr und dem gewöhnlichen halbselbsttätigen Fernverkehr dieser Aufschaltefernverkehr bestehen bleiben, der durchaus als Sofortverkehr in der Form des Doppelbetriebssystems abgewickelt werden kann, aber die Aufschaltemöglichkeit in Reserve hält. Nicht nur im Rückrufverkehr und Warteverkehr, auch im halbselbsttätigen Wählverkehr kann die Aufschaltung bereitgestellt werden, wenn die Beamtin vor dem Verbindungsaufbau durch eine Manipulation sich diese Möglichkeit bereithält. Es ist dann mehr eine tarifarische Frage als eine technische Schwierigkeit, diese Verkehrsform in das Doppelbetriebssystem auch dann einzugliedern, wenn die Verbindung ohne Rückruf hergestellt wird.

Aus all diesen Erwägungen heraus ergibt sich als Vorschlag für die künftige Betriebsform im deutschen Netz die Schaffung eines Landesfernwahlnetzes mit einheitlicher Kennziffernverteilung über das ganze Land und mit einem Doppelbetriebssystem mit der Reserve der Aufschaltung und des gelegentlichen Rückrufs unter Mitbenützung der selbsttätigen Gebührenerfassungseinrichtung. Für diese Betriebsform sollen die Schaltmittel und der grundsätzliche Netzaufbau im folgenden vorgeschlagen werden. Neben den bekannten Elementen der Wählereinrichtungen für den Fernwahlverkehr und der zugehörigen Übertragungseinrichtungen sind als neues Element die Gebührenerfassungseinrichtungen für diese großen und zahlreichen Verkehrsbeziehungen in Vorschlag zu bringen.

Überprüfung des heutigen Tarifes vom Standpunkt des Doppelbetriebssystems und Vorschläge für die Gebührenerfassung.

Mit Einführung des Selbstwählverkehrs wurde der zur Zeit der Handamtstechnik bestehende Tarif zunächst mit kleinsten Anpassungen übernommen. Lediglich der Aufbau der Gebühren als Vielfaches einer Grundeinheit, die der Gebühr des Ortsgesprächs entspricht, ist als von dem Handbetriebstarif abweichend bisher zugestanden worden. Die Erfassung der Entfernung erfolgte im sog. Zeitzonenzähler, dessen wesentlichste Elemente, Zonenermittlungseinrichtung, Zeitspeichereinrichtung und Gebührenabgreifereinrichtung individuell in jede Verbindung gelegt und damit für die Dauer der ganzen Verbindung aufgewendet wurden. Die Erfassung der Zone erfolgt heute genau nach der Luftlinienentfernung, wobei die Zonenringe im Nahverkehr sehr eng abgestuft sind, im Ortsverkehr mit 5 km, in einer Nahverkehrsstrecke mit 10 km, in weiteren Stufen mit 15, 25, 50 und 75 km, und dann erst werden die Entfernungen von 100 zu 100 km berechnet. Der Grund liegt darin, daß in den Nahverkehrsbeziehungen bei Anwendung breiter Zonenringe im Nachbarverkehr empfindliche Tarifsprünge eintreten können, welche den Nahverkehr verteuern und hemmen. Es wird zu prüfen sein, ob man nicht den 10- oder 15-km-Kreis ausscheiden kann, ebenso ob man nicht auf den 75-km-Kreis verzichten will. Grundsätzliche Bedenken gegen die Beibehaltung dieser Zonenabstufung und fühlbare Schwierigkeiten ergeben sich bei der Schaffung des Landesnetzes nicht, da sich diese Tarifforderungen nur im Nahverkehr auswirken, für den die Technik bereits vorliegt.

Die Erweiterung vom Verkehr der Netzgruppe mit den Nachbarnetzgruppen im sog. Netzgruppenverband auf den Bereich eines ganzen Landesnetzes würde die Zahl der zur Zonenermittlung individuell auszuscheidenden Kennziffern von rund 800 auf fast das 20fache erhöhen, und dieser Aufwand in jeder Verbindung individuell festgehalten, würde eine unvertretbare Komplikation und Verteuerung zur Folge haben. Hier ist eine Anpassung des Tarifes an die technischen Möglichkeiten unbedingt zu fordern, und es zeigt sich, daß sich mit geringsten Konzessionen gewaltige Einsparungen erzielen lassen, so daß diese geringe Tarifanpassung zwingend erscheint.

Einmal ist es nicht mehr vertretbar, den Aufwand für die Zonenermittlung individuell in jeder Verbindung festzuhalten. Es genügt vielmehr, die gewählten Kennziffern, die, wie wir sehen werden, meist 3- und 4stellig sind, vereinzelt aber auch 5stellig werden können, in Ziffernspeicherwerken im Zuge des Verbindungsaufbaues festzuhalten. Beim Aushängen des gerufenen Teilnehmers, also nur dann, wenn die Verbindung wirklich zählpflichtig geworden ist, werden diese Kennziffern in einen gemeinsamen Zonenumrechner übertragen und dieser setzt sie mit geringstem Zeitaufwand in den Zonenwert um, der dann in das Zeitüberwachungsgerät der Verbindung zurückübertragen wird. Diese Zonenumrechnung kann in der Weise vollzogen werden, daß die Kontaktausgänge der Kennzifferspeicher unter sich vielfach geschaltet und die Schleifarme dieser Speicher zu gemeinsamen Rahmenausgängen geführt werden. Der für ein großes Amt nur einmal vorzusehende gemeinsame Zonenumrechner liegt an fünf bis sechs durch das Amt laufenden Sammelschienen, und beim Aushängen des gerufenen Teilnehmers schaltet sich ein Prüfrelais an den Zonenumrechner an und sperrt ihn für die Dauer der Inanspruchnahme. Die beigefügte Abb. 1 gibt hiefür das Prinzipschaltbild. Individuell in der Verbindung liegt der Umsteuerwähler für Gebührenermittlung UWG., für End- und Knotenämter im Knotenamt vorgesehen, und für das Hauptamt im Netzgruppenteil dieses Hauptamtes gelegen. Er hat in einem vier- bis fünfstelligen Kennziffernspeicher die Kennziffer, z. B. 3456, festgehalten. Diese Speicher sind durch je einen Drehwählerarm k_1, k_2, k_3, k_4 angedeutet. Die Kontakte der zugehörigen Bänke sind unter sich vielfach geschaltet und durchverdrahtet zu den entsprechenden Kontakten eines Abgreifers a. Arm k_1 steht also auf Kontakt 3, Arm k_2 auf Kontakt 4, Arm k_3 auf Kontakt 5, Arm k_4 auf Kontakt 6. Die Drehpunkte sind über Kontakte des Prüfrelais $t\,2$ bis $t\,5$ an die Sammelschienen durchgeschaltet, ebenso wie der Drehmagnet des Abgreifers durch einen Kontakt $t\,6$. Das Prüfrelais T ist durch einen Kontakt „an" an die fünfte Sammelschiene gelegt worden, sobald der gerufene Teilnehmer ausgehängt hat. Es prüft auf ein Belegrelais C des Zonenumrechners, welches den Umrechnungsvorgang in Gang setzt, falls dieser nicht durch Kontakt $r\,1$ rückwärtig gesperrt ist. An den Sammelschienen liegen je ein Einstellrelais für jede Dekade, $E\,1$ bis $E\,4$, und diese Relais halten sich über einen Arbeitskontakt $e\,1$ bis $e\,4$ über einen Kontakt des Belegrelais c_1, sobald sie erregt wurden. Im UWG. liegen sie am Arm je eines Speicherwählers.

Die Zonenumrechnung, über die wir dann später noch mit neuen Tarifvorschlägen zu sprechen haben werden, erfolgt durch vier Einstellwähler, die durch die Drehmagnete $D\,1$ bis $D\,4$ angedeutet sind. Sie sind als vielarmige, zehnschrittige Drehwähler gedacht. Der Wähler $D\,1$ sucht mit einem Arm $d\,1'$ die Arme des Hunderterwählers $D\,2$, an deren Ausgängen liegen Arme des Zehnerwählers $D\,3$ und in einzelnen der Ausgänge liegen Arme des Einerwählers $D\,4$, wie sie mit $d\,4'$ angedeutet sind. Durch Anwendung der später zu beschreibenden Gruppenverzonung wird erreicht, daß über die Ausgänge dieser in Reihe geschalteten Wähler die Zonen 0—XV eindeutig gekennzeichnet werden können, und die Zonenpunkte, welche im Schaltbild als kleine Kreise angedeutet sind, werden mit diesen Ausgängen durchverdrahtet. Die Beschaltung der Arme $d\,2$ und $d\,3$ ist durch Rechtecke a, b, c, d angedeutet.

Beim Ansprechen des C-Relais wird durch Kontakt $c\,2$ das J-Relais erregt und seine Kontakte $i\,1$ bis $i\,6$ geben Impulse in den Zonenabgreiferwähler. $i\,1$-Kontakt dreht Wähler $D\,1$, $i\,2 - D\,2$, $i\,3 - D\,3$, $i\,4 - D\,4$, $i\,5$ den Drehmagneten des im Zonenumrechner sitzenden Abgreiferwählers Da. Kontakt $i\,6$ gibt die Einstellimpulse in den Abgreifer des UWG., Du, welcher den Arm a dreht. Die Ankerkontakte der vorangeschalteten Wähler erregen das Relais A, welches das J-Relais unterbricht, und so kommt es zu einem Wechselspiel, sodaß 10 bis 15 Impulse pro Sekunde gegeben werden. Beim dritten Schritt liegt Erde über dem Arm a des Abgreifers im UWG. an dem Arm $k\,1$, und Relais $E\,1$ wird erregt und setzt den Wähler $D\,1$ still. Beim vierten Schritt wird sinngemäß $D\,2$, beim fünften $D\,3$, beim sechsten $D\,4$ stillgesetzt. Der Abgreifer läuft vollends durch die zehnschrittige Bank und erregt beim 10. Schritt ein Relais U, welches mit Kontakt $u\,1$ sich hält und mit Kontakt $u\,2$ den Abgreiferarm $da\,2$ anschaltet, so daß dieser die Zonenprüfung vornehmen kann. Der Abgreifer läuft unmittelbar weiter und nunmehr werden die Impulse des Kontaktes $i\,6$ über einen x-Umschaltekontakt des beim letzten Abgreiferschritt erregten X-Relais in den Zonenspeicher Dz geleitet. War die der Kennziffer 3456 entsprechende Zone die Zone VIII, so spricht beim 8. Schritt über die Verzonung das R-Relais an, hält sich lokal und bewirkt die Rückstellung. Relais C und T werden durch $r\,1$-Kontakt abgeworfen, damit fallen auch die E-Relais ab und die Zonenspeicherwähler $D\,1$ bis $D\,4$ sowie der Abgreifer $D\,a$ laufen in die Ruhestellung zurück, wobei Relais R durch a-Kontakt erregt bleibt. Der Rückstellstromkreis des A-Relais über r-Arbeitskontakt ist zur Vereinfachung weggelassen. Wenn die Rückstellung vollzogen ist, fällt R-Relais ab und der Zonenumrechner steht für den nächsten Vorgang bereit. Wenn die Zone mehr als zehn Schritte erfordert, wird durch Arm $da\,2$ Relais W erregt und durch $w\,2$-Kontakt Arm $da\,3$ angeschaltet und mit einem weiteren Umlauf des Abgreifers die entsprechende Impulszahl gesendet, bis Arm $da\,3$ über den Zonenpunkt das R-Relais erregen kann. Wenn der Zonenumrechner im Knotenamt liegend auch für Endämter mitbenützt wird, so ist für jede Endamtsrichtung ein gesonderter Prüfstromkreis vorgesehen und erregt ein anderes C-Relais, welches in der Zonenverdrahtung für abweichende Zonen eine Umschaltung zu den Zonenpunkten vornimmt. Diese Wechselkontakte beschränken sich nach der vorgeschlagenen Gruppenverzonung auf wenige Fälle und können durch Kontaktumschaltung leicht verdrahtet werden. Der ganze Umrechnungsvorgang benötigt nach dieser Ausführungsform etwa zwei Sekunden, und dann ist der Zonenumrechner wieder für die nächste Verbindung frei. Es können also in der Minute etwa 20, in der Stunde über 1000 Verbindungen verzont werden und, da zwischen Aushängen und Verzonung geringfügige Verzögerungen durchaus zulässig sind, reicht der Zonenumrechner für größte Ämter aus und man wird höchstens einen zweiten, mit Kipper umschaltbaren in Reserve stellen. Das teure Organ des Zonenumrechners, dessen Verdrahtung mit fortschreitendem Netzaufbau verändert und ergänzt werden muß, ist damit durch die Zusammenfassung auf zwei Exemplare je Vst. beschränkt.

Neuer Tarifvorschlag

Es läßt sich zeigen, daß die Verzonung ohne Veränderung des Tarifniveaus durch die sog. Gruppenverzonung ungeheuer vereinfacht und verbilligt werden kann. Der Vorschlag lautet:

a) Im 25-km-Kreis wird genau wie früher streng nach der Luftlinie verzont.

b) Im 100-km-Kreis werden die Endämter ankommend oder auch abgehend nach der Zone ihres Knotenamtes (mit dem sie gleiche Kennzahl haben) verzont.

c) Darüber hinaus wird nach dem Bestimmungshauptamt verzont.

Schon allein die Angleichungen unter b) für das ganze Gebiet angewendet, würden als Vereinfachung genügen.

Die tarifarischen Auswirkungen sind folgende:

Im Nahverkehr bis zu 25 km bleibt alles unverändert; würde man auch in diesem Bereich nach dem Knotenamt verzonen, so würden sich im Verkehr von Nachbarorten untragbare Härten durch Tarifsprünge ergeben.

Unverändert bleibt der gesamte Verkehr zu den Knoten- und Hauptämtern, also der überwiegende Anteil. Aber auch der Tarif im Verkehr zu den Endämtern oder von und zu diesen als letzter verschwindend kleiner Rest wird nur dann verändert, wenn das Endamt eine andere Zone hat wie das Knotenamt, wiederum nur in wenigen Fällen. Trifft dies zu, so zahlen zugewandte Endämter die nächst höhere, abgewandte Endämter die nächst niedrigere Stufe, das Gesamtniveau wird nicht verschoben, da ein Ausgleich eintritt.

Es werden somit höchstens 0,5 bis 1% des Verkehrs im Tarif verändert, nur unwichtige, seltene Fälle, und auch für diese besteht ein tragbarer Ausgleich.

Ungeheuer dagegen sind die technischen Auswirkungen:

Etwa 20 Ämter im 25-km-Kreis sind vierstellig auszuscheiden.

Etwa 100 bis 200 Ämter im 100-km-Kreis sind dreistellig zu verzonen.

Etwa 80 Hauptämter sind zweistellig zu verzonen.

Statt 8000 genügen rund 200 Zonenausgänge bei gleichem Erfolg.

Da auch heute schon bei Entfernungen über 100 km die Zonenringe 100 km breit waren, kann unbedenklich auch statt nach dem Bestimmungshauptamt nach dem Zentralamt, also einstellig verzont werden; dann sind hundert Zonenausgänge genügend.

Einführung des Zetteldruckers

Die Zeitzonenzählung hat den Selbstwählverkehr ermöglicht und im Rahmen der bisherigen Verkehrsbeziehungen weitgehend genügt. Doch schon beim Zusammenschluß großer Städte in Holland wurden seitens der Teilnehmer Bedenken laut, namentlich dann, wenn der Fernsprecher für Dritte benützt wird, z. B. in Kanzleien von Rechtsanwälten, Speditionsgeschäften und dergleichen und ein Beleg für die Rechnungstellung erforderlich ist. Die Einführung des Zetteldruckers im belgischen Fernwählnetz hat sich dagegen als voller Erfolg erwiesen. Dies wird auch für das künftige deutsche Netz zu beachten sein.

Sieht man neben dem vollautomatischen auch halbautomatischen Wählverkehr vor, und zwar bis zu den größten Entfernungen, so würden nach bisherigem Vorgehen alle Gebühren summarisch im Zeitzonenzähler erfaßt werden. Was im Nahverkehr tragbar ist, bei kleinen Gebührenbeträgen, wird bei den hohen Summen des Weitverkehrs abgelehnt werden.

Im übrigen erlaubt der Zeitzonenzähler auch nicht die erwünschte Kontrolle über die Vorgänge auf den hochwertigen Leitungen. Deshalb wird künftig an die Stelle des Zeitzonenzählers der Zetteldrucker treten müssen, der den Einzelzettel druckt und zweckmäßig zugleich locht, so daß er nach dem bewährten Hollerithverfahren sortiert und verrechnet werden kann. Wird mit der Tabelliermaschine der Zeitzonenzähler verbunden, so verschwindet dieser ganz aus dem Wähleramt. Tarif und Technik sind getrennt. Für die Erfassung der rufenden Nummer sind heute reine Gleichstromlösungen bekannt, die sich völlig organisch in die Schaltkreise einfügen.

Der Zetteldrucker wird im Regelfalle nur für erfolgreiche Verbindungen Zettel ausfertigen. Er kann aber zu Überwachungszwecken auch abgebrochene Verbindungen registrieren und dabei die rufende Nummer feststellen. Der Zetteldrucker wird am Gesprächsende nur für etwa 20 Sekunden an die Verbindung angeschaltet. Er kann so ausgeführt werden, daß er mit nur einem Druckwerk nacheinander alle Daten aufnimmt und die Löcher daneben stanzt.

Erfolgt die Lochung nicht in geschlüsselter, sondern in offener Form, wie es bei vielen Hollerithsystemen der Fall ist, so kann auf den Abdruck verzichtet werden und ist die Lochung allein genügend.

Dies Verfahren scheint besonders auch im Ausland von Bedeutung zu sein, wenn z. B. wie im amerikanischen Netz Verbindungen durch den Bereich verschiedener Telephongesellschaften laufen und die Tabelliermaschine in der Lage ist, selbsttätig die Kostenanteile auf die einzelnen Gesellschaften aufzuteilen.

Dieser Zetteldrucker würde nicht nur die vollautomatischen, sondern auch die halbselbsttätigen Verbindungen tarifieren und die Einheitlichkeit der Gebührenerfassung wäre für beide Verkehrsformen des Doppelbetriebssystems gesichert. Es wird aber an Hand von Wählerübersichtsplänen weiterhin gezeigt werden, daß derselbe Zetteldrucker auch im Dienst des mit Aufschaltung und selbst des mit Rückruf arbeitenden Verkehrs angewendet werden kann, ja selbst dann, wenn die Beamtin über eine Kennziffer nur den abgehenden Weg zu einer Fernleitung nach dem Bestimmungsort einstellt und dann von der Gegenbeamtin den Teilnehmer zugeschaltet erhält. Diese hat dann lediglich vom Fernplatz das Kennzeichen für Gesprächsbeginn und -ende zu geben. Die ganze Schreibarbeit des Fernplatzes, die an diesem einen Fremdkörper bildet, würde wegfallen. Der Fortfall von Zeitstempel und Zeitüberwachungseinrichtungen am Fernplatz würde die anteiligen Kosten des Zetteldruckers vollkommen aufwiegen.

Aber auch der Zetteldrucker ist nicht allein für alle Betriebserfordernisse ausreichend. Es bleibt die Gebührenansage am Gesprächsende zu lösen. Auch diese wird vor allem im Weitwählverkehr unentbehrlich. Deshalb werden Schaltungen vorzusehen sein, welche die selbsttätige Gebührenansage etwa in der Weise gestatten, daß der Teilnehmer am Ende des Gespräches statt einzuhängen, die Wählscheibe von Null ab aufzieht. Damit könnte er an die Verbindung ein für das Amt gemeinsames Gebührenermittlungsgerät anschalten und durch dieses sich über Magnetscheiben, die in einem Relaiskoffer Platz finden, die Gebühr magnetophonisch zusprechen lassen, z. B. im Falle einer Ferngebühr von 90 Pf. durch die Ansage: „Null Komma neun". Es wird gelegentlich, wie bisher, mit Änderungen der Gebührensätze zu rechnen sein. Daher wird man zweckmäßig Einheiten zählen und ansagen und den wechselnden Geldwert dieser Einheiten jeweils bekannt geben und in Rechnung stellen.

Für Gaststätten und Sprechzellen würde ein Gebührenmelder vorzusehen sein, der den Gebührenanzeiger zu ersetzen hätte. Zu diesem Zwecke könnte etwa beim Einhängen des Fernhörers ein Einschlagwecker zur Erzeugung von Wählimpulsen als Selbstunterbrecher verwendet werden, um die Gebührenansage zu erzwingen, die von der Überwachungsstelle am Büfett und zugleich vom Sprechgast abgehört werden könnte. An Stelle der Übertragung der Zählimpulse bis zum Teilnehmer, die zu Unterschieden gegenüber den Angaben der Amtszähler führen kann, würde dann auch hier die telephonische Gebührenansage treten. Dieser Gebührenmelder wurde bereits in der Versuchsanlage der T. u. N., Frankfurt/M., erprobt.

Eingliederung des Netzgebildes für Doppelbetriebssystem in den allgemeinen Fernleitungsplan.

Auf diesen betriebstechnischen und tarifarischen Grundlagen läßt sich somit der Selbstwählverkehr im Netz eines ganzen Landes von der Ausdehnung des deutschen Netzes verwirklichen, wenn man diesen Netzaufbau entsprechend den Forderungen des allgemeinen Fernleitungsplanes vollzieht. Dabei gilt es, die Begriffe Endamt, Knotenamt, Hauptamt und eines übergeordneten Sammelpunktes für den Wählverkehr des sog. Zentralamtes in Übereinstimmung zu bringen mit dem Seitenamt, Endfernamt, Verteilerfernamt und Durchgangsfernamt. Unter Berücksichtigung der Dämpfungsaufteilung muß die zweckmäßigste Größe im Aufbau dieser Netzelemente gewählt werden.

Wir wollen dabei zunächst von dem kleinsten Element des Ortsnetzes ausgehen, dessen Bereich durch den Tarif und durch die praktischen örtlichen Verhältnisse mit einem Halbmesser von 5 km bemessen ist. Dieser Wert ist nicht nur in Deutschland, sondern in vielen Ländern als Grundlage gewählt worden (Abb. 2). (Aufbau der Netzgruppe und des Knotenamtsbereiches durch Aneinanderfügung von Ortsnetzbereichen.) Fügt man diese natürliche Grundzelle, die im Idealfalle kreisförmig abgegrenzt ist, aneinander, so ergibt sich nach Abb. 2a ein Knotenamtsbereich mit 30 km Durchmesser und durch entsprechende Zusammenfassung von sieben derartigen Knotenamtsbereichen eine Netzgruppe mit 90 km Durchmesser. Die mittlere Länge der Verbindungsleitungen zwischen End- und Knotenamt beträgt 10 km und bei Verwendung normaler Netzgruppenkabel mit 0,9 mm Durchmesser und starker Pupinisierung, beträgt die Dämpfung auf diesem Abschnitt 0,2 N. Die mittlere Länge der Verbindungsleitungen zwischen Knotenamt und Hauptamt beträgt 30 km und ergibt, bei Ausführung mit 0,9-mm-Kabel eine Dämpfung von 0,6 N., bei Verwendung von 1,4-mm-Kabel eine Dämpfung von 0,3 N.

Die Kreisform des Netzes erlaubt keine direkte Aneinanderfügung, und so müssen zum mindesten die Flächen mit einem umschriebenen Sechseck begrenzt werden, so daß sich ein bienenwabenartiger Aufbau ergibt.

Abb. 2b gibt gewissermaßen einen anderen Extremfall, bei dem die als Grundzelle gedachte Fläche des Ortsnetzes quadratisch angenommen ist und die Netzgruppenfläche durch Aneinanderfügung dieser Quadrate entsteht. Dabei erhöht sich einerseits die Zahl der im Knotenamtsbereich liegenden Ämter auf neun, und ebenso die Zahl der Knotenämter unter Einrechnung des Hauptamtes auf neun. Die ungünstigste Leitungslänge vom Endamt zum Knotenamt wird 14 km und die Dämpfung des 0,9er-Kabels ist 0,28 N. Die ungünstigste Länge der Verbindungsleitung zwischen Hauptamt und Knotenamt beträgt 42 km und die Dämpfung des 0,9er-Kabels 0,84 N., bei Verwendung eines 1,4er-Kabels 0,42 N.

Die beiden Formen sind stilisierte Grenzwerte unter der Voraussetzung, daß die Ortsamtsbereiche nicht ineinander schneiden. In der Praxis überdecken sie sich teilweise, besonders in den dichtesten Siedlungsgebieten, teilweise liegen sie weiter voneinander ab und ihre Zahl vermindert sich. Immerhin ist es interessant, welche Größenordnung sich durch den Aufbau aus der Grundzelle ergibt und daß die Zahl der Endämter und Knotenämter in dem jeweiligen Bereich zwischen sieben und neun zu liegen pflegt. Wir werden zwar Fälle kennen lernen, wo mehr als zehn Endämter an ein Knotenamt zu legen sind und mehr als zehn Knotenämter innerhalb der Netzgruppe liegen und vielfach wird die Fläche der Netzgruppe durch die geographischen Forderungen erheblich deformiert. Immerhin ist es von Wichtigkeit, für die Wahl der zweckmäßigsten Abgrenzung zu wissen, welche Mittelwerte sich bei organischem Aufbau ergeben und gewissermaßen als Idealwerte zugrunde zu legen sind.

In diesem Netz für Selbstwählverkehr entsprechen also die Knotenamtsbereiche einerseits dem Bereich der früheren Überweisungsnetzgruppen, andererseits im allgemeinen Fernleitungsplan dem Versorgungsgebiet eines Endfernamtes. Der Bereich der Netzgruppe entspricht sinngemäß dem eines Verteilerfernamtes, und wir werden für den Weitverkehr die Vierdrahtleitungen mit Endverstärkern bis in das Netzgruppenhauptamt zu führen haben.

Der weitere Aufbau des Netzes ergibt sich durch sinngemäße Aneinandersetzung dieser Bausteine. Eine Netzgruppe mit angenommener Kreisform zusammengesetzt mit sechs umliegenden Netzgruppen, etwa nach dem Schema von Abb. 2a, bildet dann für den Weitverkehr den Bereich eines sog. Zentralamtes, welches im allgemeinen Fernleitungsplan einem Durchgangsfernamt entspricht.

Wir sprechen von dem Zubringerbereich des Zentralamtes und verstehen darunter die Netzebene eines Durchgangsfernamtes. Zentralämter werden also München, Stuttgart, Nürnberg, Frankfurt usw. sein, die wir bereits als Durchgangsfernämter aufgeführt haben. Der Durchmesser des Zubringerbereiches eines Zentralamtes ergibt sich also nach der Struktur der Abb. 2a, wiederum als Kreisfläche mit einem Durchmesser von 270 km, oder nach Abb. 2b als Quadrat mit der gleichen Seitenlänge.

Während für den Weitfernverkehr, der in den Zentralämtern seinen Ausgangs- und Endpunkt findet, dieser Bereich durch die Lage des Zentralamtes als starrer Verband von Netzgruppen erscheint, ergibt sich für den Nachbarverkehr der Netzgruppen der Begriff des Netzgruppenverbandes als wechselnder Begriff, da der Netzgruppenverband jeweils die Ausgangsnetzgruppe und die umliegenden Netzgruppen umfaßt. Diese Nachbarnetzgruppen sind über ihr Hauptamt durch Vierdrahtleitungen verbunden und gestatten jenen Wählverkehr, der in Bayern bereits heute selbsttätig abgewickelt wird.

In dem so entstehenden Netzgebilde des Landesnetzes muß jene Dämpfungsaufteilung vorgenommen werden, die dem allgemeinen Fernleitungsplan und den Empfehlungen des CCIF. entsprechen. Dabei kann die Aufteilung, die in den Überweisungsnetzen bereits vorgesehen war, im wesentlichen beibehalten werden. Abb. 3 zeigt diese Dämpfungsverteilung, welche zwischen Verteilerfernamt und Endfernamt 0,5 N, im Endfernamt 0,10 N und zwischen Endfernamt und VSTW. 0,3 N zugrunde legt. Die Dämpfung in der VSTW. mit ihrer Speisebrücke ist mit 0,15 N angenommen, und daran reiht sich die Dämpfung der Teilnehmeranschlußleitung mit 0,45 N. Bis zum Ausgang des Endfernamtes sind somit im Endamtsbereich 1,0 N zulässig, und wenn man das Hauptamt als Verteilerfernamt ausbildet, so stehen für den Bereich eines Netzgruppenhalbmessers 1,5 N zur Verfügung.

Zur Bildung großer Netzgruppen war bereits ein Vorgehen nach Abb. 4 vorgesehen, wobei die Dämpfung zwischen Endfernamt und Verteilerfernamt auf 0,3 N ermäßigt werden sollte, um zwischen Endfernamt und VSTW. 0,5 N verfügbar zu haben. Dabei war das Hauptamt als Endfernamt aufgefaßt und die Schaffung mittelgroßer Netzgruppen vorgesehen, wie sie unter Verwendung von 1,4-mm-Adern mit einer Höchstdämpfung von 0,5 N zu erzielen waren.

Wenn nun im Sinne obiger Werte, wie sie aus Abb. 2 als Durchschnitts- und Höchstwerte festgestellt wurden, der Aufbau großer Netzgruppen, ausgehend von der Zelleneinheit des Ortsnetzbereiches, erfolgen soll, so vermindert sich einerseits die Zahl der Netzgruppen derart, daß man den Hauptämtern den Charakter von Verteilerfernämtern geben kann, so daß also die Vierdrahtleitungen bis in das Hauptamt vorgetrieben sind. Ein derartiger Aufbau ist in den Nachbarländern, z. B. in Holland, bereits vollzogen worden. Zwischen Endfernamt und VSTW. oder in der Bezeichnungsweise der Netzgruppe zwischen Knotenamt und Endamt betragen die Dämpfungen zwischen 0,2 und 0,28 N, zwischen Endfernamt und Verteilerfernamt, also zwischen Hauptamt und Knotenamt im Selbstwählnetz 0,3 N bis 0,42 N, wenn wir uns auf Abb. 2 beziehen. Dann können nach Abb. 5 zwischen Hauptamt und Zentralamt Dämpfungen von 0,3 N zugelassen werden, die eine gewisse Reserve für jene Fälle bilden, daß man sich aus wählertechnischen Gründen für eine zweidrahtmäßige Durchschaltung der Vierdrahtleitungen entscheiden sollte. Es wird sich dabei darum handeln, wenn ein Endamt in ausnahmsweise großer Entfernung vom Knotenamt liegt und Dämpfungen in der Größenordnung von 0,3 N aufweist, durch Verwendung von 1,4-mm-Adern zwischen Knotenamt und Hauptamt dafür zu sorgen, daß die gesamte Leitungsdämpfung innerhalb der Netzgruppen den Wert von etwa 0,7 N einhält. Wir werden die Mittel der sog. latenten Bündeltrennung besprechen, welche trotz Benützung einheitlicher Bündel die Möglichkeit bietet, dem in das Hauptamt gehenden Verkehr 1,4-mm-Leitungen zuzuweisen, während der Verkehr zum Knotenamt über 0,9er-Adern geführt wird.

Aus diesem Schema ergibt sich weiter, daß im Verkehr von Hauptamt zu Hauptamt also im Netzgruppenverband bei dieser Dämpfungsaufteilung 0,5 bis 0,6 N zulässig sind. Dieser Wert kann vereinzelt auch durch Zweidrahtleitungen mit Zwischenverstärkern erzielt werden. Bei einer mittleren Entfernung von 90 km von Hauptamt zu Hauptamt würden 1,4er-Adern in Zweidrahtschaltung eine Dämpfung von etwa 0,9 N ergeben, also bereits zu hohe Dämpfungen, soweit man sich auf 3,0 bis 3,1 als zulässige Gesamtdämpfung beschränkt.

Kennzahlenaufteilung im Landeswählnetz und Entscheidung zwischen direkt gesteuertem System und Umrechnungssystem

Die Schaffung eines Landesnetzes verlangt die Vergebung einheitlicher Kennzahlen für den ganzen Bereich, und soweit an die Beibehaltung des in Deutschland bisher verwendeten direkt gesteuerten Systems gedacht wird, muß für jede Ämtergattung im Kennzahlenaufbau eine Dekade vorgesehen sein. So muß also an Hand der Netzkarte festgestellt werden, wie sich der Kennzahlenaufbau am zweckmäßigsten ergibt, ob die Kennzahlen nicht untragbar lang werden, so daß sie zusammen mit der Teilnehmerrufnummer neun- und zehnstellige Zahlen ergeben, deren Wahl den Teilnehmer ermüdet und zu Wählfehlern gerade dort Anlaß gibt, wo mit zunehmender Ausweitung des Wählverkehrs die Folgen von Fehleinstellungen von größter finanzieller Auswirkung sind.

Die Stellenzahl der Kennzahl hängt somit ab:

1. von der Gesamtzahl der zu erfassenden Ortsnetze,

2. von der zweckmäßigsten Verteilung der einzelnen Stellen auf die Ämtergattungen.

Während die Zahl der Ämter festliegt und unbeeinflußbar ist, ist zu prüfen, ob der Kennziffernaufbau in Form eines direkt gesteuerten Systems in tragbarer Weise möglich ist, oder ob eine Verschleuderung von Dekaden entsteht, welche die Kennziffern in unvertretbarer Weise erweitert. Betriebserfahrungen zeigen, daß mit zunehmender Stellenzahl die Benützung des Selbstwählverkehrs progressiv verschlechtert und erschwert wird. Es gibt hier gewissermaßen einen Grenzwert der Stellenzahlen, die noch im Gedächtnis erfaßt und ohne Irrtum aus dem Gedächtnis gewählt werden können. In Großstadt-Ortsnetzen hat man bei mehr als sechsstelligen Stellen für die Teilnehmerrufnummer schon überall das Bedürfnis empfunden, zu gedächtnismäßigen Hilfsmitteln zu schreiten, und so hat man Buchstaben und Nummerngruppen gebildet. Auch die Stellenzahl der Ortsrufnummern kann nicht willkürlich beeinflußt und beschränkt werden. Bis zu sechsstellige Ortsrufnummern müssen in den großen Verkehrszentren als gegeben angenommen werden.

Die Hinzufügung einer Kennziffer kann nun nicht geradewegs als Stellenmehrung, als gleichartige Gedächtnisbelastung angesehen werden, da die Kennzahlen durch die Gruppenunterteilung den Merkvorgang erleichtern. Da die Kennzahl häufiger als die wechselnde Teilnehmernummer benützt wird, prägt sie sich dem Gedächtnis so intensiv ein, daß sie vielfach rein mechanisch gebraucht wird und der Teilnehmer sein Gedächtnis erst belastet fühlt, wenn die Wahl der Teilnehmernummer beginnt. Diese Einprägung der Kennzahl setzt allerdings voraus, daß diese einfach ist und nicht mehr als 2 bis 3 Stellen umfaßt. Soweit die Kennzahl im Selbstwählverkehr ebenso erst durch Nachschlag gefunden werden muß wie die Teilnehmerrufnummer, belastet sie den Merkvorgang mit fortschreitender Stellenzahl genau so wie diese.

Die Forderung mit einer Höchstzahl von Stellen auszukommen, weist angesichts der Tatsache, daß die fest vorliegenden Ortsrufnummern zwischen zwei- und sechsstelligen Zahlen schwanken, von selbst darauf hin, zu versuchen, den größten Netzen mit der höchsten Stellenzahl der Ortsrufnummern, kurze, vielleicht nur zweistellige Kennzahlen zuzuteilen, während für kleine mit zwei- und dreistelliger Ortsrufnummer vier- bis fünfstellige Kennzahlen durchaus tragbar sind. Neben dem Wunsche, die Kennzahlen trotz der direkten Steuerung mit möglichst vollkommener Auswertung der Dekaden unter Vermeidung von Zahlenverlusten so kurz wie möglich zu gestalten, ergibt sich das weitere Ziel, die Stellenzahl von Kennzahl und Ortsrufnummer dadurch gleichförmig zu gestalten, daß die Kennzahlen der kleinsten Netze am größten werden und umgekehrt.

Die direkt gesteuerten Systeme und sog. Umrechnersysteme, wie sie die Maschinenwählsysteme benützen, stehen hier in Wettbewerb um die beste Lösung. Bei vollkommener Umrechnung kann die Kapazität eines drei- oder vierstelligen Kennzahlensystems beinahe 100%ig ausgewertet werden. Dem steht als Nachteil gegenüber die Verteuerung und Komplikation durch den Speicherungs- und Umrechnungsvorgang, der unter Umständen im Durchgang über verschiedene Ämter aufgeteilt und wiederholt werden muß, und damit verbundene Verzögerungen im Verbindungsaufbau. Die bestechende Einfachheit der direkten Steuerung drängt zu dem Versuch, auch den Aufbau eines Landesnetzes ohne grundsätzliche Umrechnung vorzunehmen, und so haben wir an Hand der Netzgruppenpläne einerseits, der in Abb. 2 gegebenen Untersuchung über den strukturellen Aufbau andererseits die Möglichkeit, die Kennzahlenverteilung bei direkter Steuerung zu prüfen.

Dabei zeigt sich nun, daß der natürliche Aufbau der Zellen des Netzes aus Ortsnetzbereichen, Knotenamtsbereichen usw. jeweils sieben bis zehn Elemente umfaßt, so daß die Stellen einer Dekade auch hier im Mittel 80%ig ausgewertet sind und der gleiche Nutzungsgrad erzielt wird, wie bei grundsätzlicher Umrechnung. Wir werden dabei sehen, daß wohl mitunter auch eine Überschreitung des Zehnerwertes vorkommen kann, daß also ein Knotenamt mehr als zehn Endämter und eine Netzgruppe mehr als zehn Knotenämter besitzen kann, daß es aber auch hier unter Anwendung der Zwischenspeicherung möglich ist, die Kennzahlen ohne Stellenmehrung aufzuteilen. Jedenfalls bleibt als Ziel, wenn eine Erhöhung der Kennziffern notwendig wird, diese an die letzten Stellen der Kennzahlen zu legen, wo sie die kleinsten Netze betrifft, nicht aber an die erste Stelle, wo sie von sämtlichen Benützern des Bereiches getragen werden müssen.

Es ist üblich geworden, zwischen Ortsverkehr und Selbstwählfernverkehr dadurch zu unterscheiden, daß im Fernwählverkehr an erster Stelle Null, als sog. Verkehrsscheidungsziffer gewählt wird. An diese Null hat sich dann eine einheitliche Kennzahlenvergebung zu reihen.

Man könnte auch daran denken, mehrere Verkehrsscheidungsziffern vorzusehen und damit etwa eine Unterscheidung zwischen Nah- und Weitverkehr zu verbinden, doch ist damit die Einheitlichkeit der Rufnummernvergebung durchbrochen und bei Angabe der Kennzahlen im Fernsprechbuch muß eine Angabe ihres Geltungsbereiches hinzugefügt werden. Während es verhältnismäßig leicht ist, dem Teilnehmer die Unterscheidung zwischen Ortsverkehr und Fernverkehr klarzumachen und die Verkehrsscheidungsziffer Null mit dem Fernverkehr zu verbinden, ist es ziemlich schwierig, den Geltungsbereich von Nahverkehrskennzahlen und entsprechenden Verkehrsscheidungsziffern abzugrenzen. Man müßte hier geradezu mit Kartenangaben oder tabellierten Angaben der Verkehrsbeziehungen arbeiten, wie sie heute in den bayerischen Fernsprechbüchern enthalten sind. Diese Tabellen wachsen aber mit dem Verkehrsgebiet quadratisch an und würden für ein ganzes Landesnetz angewendet, die Benützung des Fernsprechbuches außerordentlich erschweren.

Diese Erkenntnisse legen es nahe, den Aufbau der gesamten Kennzahlenverteilung in einheitlicher Form zu versuchen und mit nur einer einzigen Kennzahl im ganzen Landesnetz auszukommen. Dies wirkt sich dann auch in der Gebührenerfassungseinrichtung vorteilhaft aus, zumal wenn man zugleich die erwähnte Maßnahme der Gruppenverzonung anwendet.

Wir erhalten somit folgenden

Kennzahlenaufbau

1. Stelle: Verkehrsscheidungsziffer „0"
2. Stelle: Zentralverbandskennziffer
3. Stelle: Netzgruppenkennziffer
4. Stelle: Knotenamtskennziffer
5. Stelle: Endamtskennziffer

Gibt man dabei dem Großstadtnetz des Zentralamtes seinem Verkehrsgewicht entsprechend den Charakter einer eigenen Netzgruppe, so kann die Kennzahl hinter der Verkehrsscheidungsziffer zweistellig sein und wir erhalten die wünschenswerte Aufteilung, daß den höchststelligen Ortsrufnummern die kürzesten Kennzahlen entsprechen.

Abb. 6 zeigt eine Deutschlandkarte mit einem Vorschlag für die Aufteilung der Zentralamtsbereiche und die Netze des Zubringerverbandes, also für die Verbindung des Zentralamtes mit den umliegenden Netzgruppenhauptämtern. Dieser Vorschlag wird durch die örtlichen Betriebsverwaltungen auf Grund genauer Kenntnis der verkehrsgeographischen Verhältnisse zu überprüfen und zu berichtigen sein. Die Zentralamtskennzahlen könnten wie folgt vergeben werden:

München	K 2	Hannover	K 7
Nürnberg	K 3	Hamburg	K 8
Stuttgart	K 4	Leipzig	K 9
Frankfurt	K 5	Berlin	K 10
Dortmund	K 6		

Sollten weitere Zentralämter notwendig werden, würden diese K 11, K 12 usw. erhalten.

Der Zentralverband München umfaßt die folgenden Netzgruppen mit den angegebenen Kennzahlen:

0 21	München Ort	0 26	Deggendorf—Straubing—Passau—Tripol
0 22	München Netzgruppe	0 27	Augsburg—Donauwörth—Bipol
0 23	Landshut	0 28	Weilheim—Garmisch—Bipol
0 24	Rosenheim—Schaftlach—Bipol	0 29	Traunstein
0 25	Mühldorf—Pfarrkirchen—Bipol	0 20	Kempten—Memmingen—Bipol

Entsprechend der Zentralverband Nürnberg:

0 31	Nürnberg Stadt	0 36	Bayreuth—Hof—Kronach—Tripol
0 32	Nürnberg Netzgruppe	0 37	Bamberg—Coburg—Bipol
0 33	Regensburg—Querverbdg. n.München	0 38	Ansbach—Neustadt—Bipol
0 34	Würzburg	0 39	Ingolstadt—Querverbdg. n. München
0 35	Weiden—Amberg—Bipol	0 30	Kissingen—Schweinfurt—Bipol

Der Zentralverband Stuttgart:

0 41	Stuttgart Stadt	0 46	Rottweil
0 42	Stuttgart Netzgruppe	0 47	Freiburg
0 43	Ulm	0 48	Schwäb.-Gmünd—Schwäb.-Hall—Bipol
0 44	Karlsruhe	0 49	Heilbronn—Bad Mergentheim—Bipol
0 45	Ravensburg—Konstanz—Bipol	0 40	Offenburg

Der Zentralverband Frankfurt/M. umfaßt:

0 51	Frankfurt Stadt	0 56	Koblenz
0 52	Frankfurt Netzgruppe	0 57	Gießen
0 53	Mannheim	0 58	Siegen—Querverbdg. n. Dortmund-Köln
0 54	Kaiserslautern—Neustadt a. d. H.—Bipol	0 59	Fulda
0 55	Trier	0 50	Aschaffenburg

Der Zentralverband Düsseldorf—Dortmund—Köln als Tripol:

0 61	Düsseldorf Stadt	0 66	Dortmund Netzgruppe
0 62	Düsseldorf Netzgruppe	0 67	Arnsberg
0 63	Köln Stadt	0 68	Münster
0 64	Köln Netzgruppe	0 69	Osnabrück
0 65	Dortmund Stadt	0 60	Aachen

Der Zentralverband Hannover umfaßt:

0 71	Hannover Stadt	0 76	Göttingen
0 72	Hannover Netzgruppe	0 77	Paderborn
0 73	Braunschweig	0 78	Ülzen—Querverbdg. n. Dortmund
0 74	Minden	0 79	Schwarmstedt
0 75	Bielefeld—Querverbdg. n. Dortmund	0 70	Kassel—Querverbdg. n. Frankfurt

Der Zentralverband Hamburg—Bremen als Bipol:

0 81	Hamburg Stadt	0 86	Oldenburg
0 82	Hamburg Netzgruppe	0 87	Emden
0 83	Bremen Stadt	0 88	Lübeck
0 84	Bremen Netzgruppe	0 89	Kiel
0 85	Quackenbrück	0 80	Flensburg

Mit dem Zentralverband Leipzig—Dresden als Bipol (09) und mit dem Zentralverband Berlin—Magdeburg—Schwerin als Tripol (010) ist entsprechend zu verfahren.

Abb. 7 zeigt für das außerbayerische Gebiet einen Netzgruppenaufbau bis zu den Knotenämtern, wobei die Überweisungsfernämter als Knotenämter erscheinen. Aus dieser Karte ist auch ersichtlich, inwieweit noch Verteilerfernämter errichtet werden müssen, da Netzgruppenhauptämter als Vf. eingegliedert werden sollen.

Weiterhin sei als Beispiel, das noch der örtlichen Berichtigung bedarf, eine Kennzahlenaufteilung für die Netzgruppe Stuttgart, Ulm, Karlsruhe und Ravensburg—Konstanz angefügt:

Netzgruppe Stuttgart: 042

0421	fingiertes Knotenamt Stuttgart	0426	Reutlingen
0422	Ludwigsburg	0427	Kirchheim
0423	Mühlacker	0428	Schorndorf
0424	Calw	0429	und 0420 Reserven (auch 0410 statt
0425	Böblingen		0421 verwendbar).

Netzgruppe Ulm: 043

0431	fingiertes Knotenamt Ulm	0435	Biberach
0432	Geislingen	0436	Heidenheim
0433	Münsingen	0437	bis 0430 Reserven
0434	Riedlingen		

Netzgruppe Karlsruhe:

0441	fingiertes Knotenamt Karlsruhe	0445	Baden-Baden
0442	Pforzheim—Querverbdg. n. Stuttgart	0446	Bruchsal
0443	Rastatt	0447	Landau/Pf.
0444	Wildbad	0448	bis 0440 Reserven.

Netzgruppe Ravensburg—Konstanz: 045

0451	Ravensburg	0455	Überlingen
0452	Konstanz	0456	Stockach
0453	Lindau	0457	Singen
0454	Leutkirch	0458	bis 0450 Reserven.

Schwäbisch-Gmünd und Schwäbisch-Hall könnten noch Knotenämter von Stuttgart werden, dann würde 048 frei für

048 Karlsruhe Stadt mit Frequenzweiche.

Der Begriff des Netzgruppen-Bipoles und -Tripoles ergibt sich aus der Tatsache, daß die Netze vielfach nicht rein sternförmig auf einen Zentralpunkt hin orientiert werden können. Das Flächengebiet eines Netzgruppenbereiches enthält vielfach zwei oder drei größere Netze von gleichem Verkehrsgewicht, und es wäre willkürlich und kostspielig, nun einen davon zum Netzgruppenhauptamt zu machen und das gesamte Netz der Knotenämter sternförmig an dieses anzuschließen. In diesem Falle erhält die Netzgruppe zwei oder drei Hauptämter und an jedes dieser Hauptämter sind die benachbarten Knoten- und Endämter angeschlossen. Im bayerischen Netz werden zwei oder drei kleine Netzgruppen, z. B. Garmisch—Weilheim, z. T. zu Bipolen zusammengefaßt. Abb. 8 zeigt den Aufbau eines Bipolnetzes und die Leitungsführung für den Verkehr mit den Nachbarnetzgruppen. Diese Verbindungsleitungen der Hauptämter, die als Vierdrahtleitungen angedeutet sind, können einseitig in eines der Hauptämter einmünden, welches in der Verkehrsrichtung günstig liegt und für den Netzteil des anderen Hauptamtes als Durchgangsamt dient. Es ist aber auch möglich, wie im Falle der Netzgruppe 034 angedeutet, daß die Verbindungsleitungen in beiden Hauptämtern einmünden. Ein Tripol entsteht sinngemäß dadurch, daß der Kern des Netzes zu einer Dreieckmasche auseinandergezogen wird.

Die Verbindungsherstellung in Bipol- und Tripolnetzgruppen erfordert eine ein- bis zweistellige Zwischenspeicherung der Kennzahlen, wobei im Ausgangsamt an Hand der zwei gespeicherten Stellen entschieden wird, über welchen Pol die Verbindung laufen muß. Die Verbindung wird dann mit Hilfe von Frequenzweichen oder Zusatzimpulsen in den Bestimmungspol gesteuert, und dann wird die gespeicherte Ziffer nachgeholt.

Auch in den Ebenen der Zentralämter sind Bipole und Tripole denkbar und vorgesehen, z. B. Hamburg—Bremen als Bipol, Dortmund—Köln—Düsseldorf als Tripol.

Der bisher geschilderte Netzaufbau ist maschenförmig einmal zwischen den Zentralämtern, die innerhalb ihrer Netzebene der Durchgangsfernämter grundsätzlich alle miteinander verbunden sein werden, mit einer Verkehrsverteilung, die wir später unter dem Begriff Zielwahl schildern werden. Weiterhin schafft der Netzgruppenverband eine grundsätzliche maschenförmige Verbindung der Hauptämter aller Nachbarnetzgruppen untereinander. Im übrigen ist der Aufbau des Netzes ein sternförmiger und man ist zur Schaffung möglichst großer Leitungsbündel bestrebt, den Verkehr der Ausläufernetze in Knoten- und Sammelpunkten zusammenzufassen und von dem Netzgruppenmittelpunkt in großen Verbindungsleitungsbündeln weiterzuführen.

Diese rein sternförmige Führung wird aber weitgehend durchbrochen werden durch Querverbindungen, die entsprechend den Verkehrsbedürfnissen in folgender Form eingesetzt werden. (Abb. 9.)

1. Endamt—Endamt, innerhalb des Knotenamtsbereiches,
2. Knotenamt—Knotenamt, innerhalb der Netzgruppe,
3. Endamt—Knotenamt und umgekehrt, innerhalb der Netzgruppe,
4. die verkehrstechnisch sehr wichtigen Verbindungen über den Rand der Netzgruppe, Knotenamt—Knotenamt und
5. Knotenamt—Endamt sowie
6. Endamt—Endamt.

Da die Gebührenerfassungseinrichtungen in Form des Zetteldruckers im Knotenamt liegen sollen, würde sich empfehlen, für Querverbindungen, die kein Knotenamt berühren, eine Mehrfachzählung vorzusehen, umgekehrt aber möglichst danach zu streben, die Querverbindung wenigstens auf einer Seite über ein Knotenamt zu leiten.

Die Querverbindungen innerhalb der Netzgruppe werden nun weitgehend dazu herangezogen, Kennzahlenaushilfe zwischen überlasteten Knotenämtern durchzuführen. (Abb 10.)

Wenn ein Knotenamt A mehr als neun Endämter erhalten soll, wobei die zehnte Kennzahl der Dekade für das Knotenamt selbst verbraucht wird, so besteht wohl an sich die Möglichkeit, die Kennzahlen um eine Stelle zu erweitern, und wie wir später sehen werden, kann diese Kennzahl auch vor die Ortsrufnummer gesetzt werden. Man kann aber auch die überzähligen Endämter an ein Nachbarknotenamt B hängen bzw. ihnen Kennzahlen zuteilen, die in diesem Knotenamtsbereich ausgespart sind, vorausgesetzt, daß dieses Nachbarknotenamt weniger als zehn Kennzahlen verbrauchte.

In der Praxis gestaltet sich nun die Verkehrsverteilung wie folgt:

Die Tatsache, daß ein Endamt als elftes oder zwölftes an ein Knotenamt A anzuschließen wäre, wenn die Kennzahlen ausreichen würden, äußert sich leitungstechnisch in der Weise, daß es zu diesem Knotenamt A genügend Verbindungsleitungen besitzt. Diese werden dann zu Querverbindungen zwischen dem Endamt und dem Knotenamt und werden so betrieben, daß der abgehende Verkehr ebenfalls über diese Querverbindungen läuft, was ja kennzahlentechnisch keine Auswirkung hat. Der ankommende Verkehr verlangt im Hauptamt eine zweistellige Zwischenspeicherung, worauf die Verbindung über das Knotenamt A mit Frequenzweiche oder zusätzlicher Impulssendung hergestellt wird.

Es ist eine Frage zweiten Ranges, ob das Endamt zu dem Knotenamt B, in dessen Kennzahlen es eingegliedert wurde, Leitungen besitzt. Sind diese in genügender Zahl vorhanden, so kann der ankommende Verkehr ganz oder teilweise über dieses Knotenamt geleitet werden, aber auch der abgehende Verkehr, wobei mit gesteuerter Überbrückung der vorhin beschriebene Weg den Hauptanteil übernehmen kann oder nur die Verkehrsspitzen, und jedenfalls wird man dann diese Leitungen dazu benützen, den Verkehr des Knotenamtsbereiches B zu diesem Endamt unter Umgehung des Hauptamtes direkt darüber abzusetzen.

Erhält eine Netzgruppe mehr als neun Knotenämter, so kann man im Kerngebiet der Netzgruppe, also im inneren Ring mit 20 oder 25 km Halbmesser, gestützt auf eine Knotenamtskennziffer, eine Netzgruppe mit verdeckter Kennziffer errichten, wobei vor die Ortsrufnummern ein- und zweistellige Kennziffern treten. Dies soll an dem Beispiel der Netzgruppe Münster an Hand der Kennzahlenverteilung gezeigt werden. (Abb. 11.)

Netzgruppe Münster/W. 068:

0681 Münster Stadt
0682 fingiertes Knotenamt in Münster, daran angeschlossen,
0682 Ortsn. 21... bis 35...

     an die offene Kennziffer 0682 ist eine Netzgruppe mit verdeckter Kennzahl angeschlossen. Die Netzgruppe benützt die verdeckte Kennzahl für den im Kern an das fingierte Knotenamt angeschlossenen Netzteil und außerhalb das offene Kennziffernsystem.

0683 Gronau—Bentheim—Bocholt
    1...... Gronau mit zwei V2-Ämtern 2... und 3....
    4...... Bentheim mit zwei V2-Ämtern 5... und 6....
    7...... Bocholt mit einem V2-Amt 8...
    nach Wahl von 3 Zwischenspeicherung
    nach Wahl von 1, 2 und 3, Richtung Gronau belegt und mit Frequenzweiche 1 gegen 2 und 3 ausgeschieden oder Wahl von 1 bis 3 nachgeholt. (Nur in diesem Falle ist Speicherung nötig.)
0694 Warendorf
0685 Beckum
0686 Rheine
0687 Ahaus und Dorsten mit Zwischenspeicherung
0688 Coesfeld
0689 Lüdinghausen mit vier V2-Ämtern und Borken mit vier V2-Ämtern und Zwischenspeicherung.
0680 Längerich und Burgsteinfurt mit Zwischenspeicherung.

Oder man sieht zwei fingierte Knotenämter in Münster vor und zieht dafür noch einige Knotenämter mit Zwischenspeicherung zusammen. Dann benötigen im inneren Netz die direkten Endämter nur eine Stelle vor der Ortsrufnummer, die Knotenämter mit ihren Endämtern je zwei Stellen.

Alle geschilderten Maßnahmen zur Kennzahlenaushilfe, beginnend mit den Bipolen und Tripolen der Zentralverbände und Netzgruppen bis zur Kennzahlenaushilfe im Innern der Netzgruppe dienen somit lediglich der Auffüllung der Dekaden durch Heranziehung benachbarter gleichartiger Netzgebilde, in denen die Kennzahlen dekadisch zu wenig ausgewertet werden konnten. So behält die Bipolnetzgruppe Weilheim—Garmisch praktisch den Netzaufbau der bisher getrennten Netzgruppen, wobei lediglich beide Netzgruppen die gleichen Netzgruppenkennziffern erhalten. Bipolnetzgruppen sind in diesem Sinne also Nachbarnetzgruppen mit gleicher gemeinsamer Netzgruppenkennziffer.

Es war bisher bereits üblich, in den Knotenämtern und Hauptämtern die ersten Stellen der Rufnummern als letzte Stellen der Kennzahl für die Gebührenerfassung auszuwerten. Dieser Gedanke läßt sich erweitern, indem man grundsätzlich in den Endämtern die vierte Stelle der Kennzahl zur ersten Stelle der Ortsrufnummer macht, im Ortsverkehr also mitwählen läßt. Hatte z. B. heute das Endamt oder V2-Amt Seeshaupt im Anschluß an das Knotenamt oder V1-Amt Starnberg die Kennzahl 0259 und die Ortsrufnummer eines Teilnehmers, z. B. 77, so würde es nach diesem Prinzip im Rahmen des Landesnetzes die Kennzahl 0225 erhalten und der Teilnehmer hätte im Ortsverkehr die Rufnummer 977. Dies hätte die Auswirkung, daß im Fernsprechbuch alle Kennzahlen hinter der Verkehrsscheidungsziffer höchstens drei Stellen erhalten würden und das Knotenamt und Endamt die gleiche Kennzahl erhielten. Daß im Ortsverkehr vor der eigentlichen Ortsrufnummer eine für das Endamt charakteristische letzte Stelle der Kennzahl vorausgewählt werden muß, also 9 bei dem Beispiel Seeshaupt, ist bei dem geringen Anteil des Ortsverkehrs am Gesamtverkehr der kleinen Netze durchaus tragbar. Wenn diese Zahl, die gewissermaßen eine Verkehrsscheidungsziffer für Ortsverkehr darstellt, in einem Drehgruppenwähler, welcher diese Ziffer und die Verkehrsscheidungsziffer „0" ausscheidet, vor den Freiwahlschritten gespeichert wird, tritt hiefür auch kein irgendwie fühlbarer Mehraufwand ein. Dagegen wird der Grundsatz ungefähr gleicher Stellenzahl in der Summe der Kennzahlen und Ortsrufnummern und der gleichheitliche Aufbau der Kennzahlen weitgehend erzielt (Abb. 12).

Mit dem geschilderten Netzaufbau wird sich die Schaffung eines Landeswählnetzes in so vollkommener Weise auf die Grundlage der direkten Steuerung verwirklichen lassen, daß kein Anlaß zur Umrechnung besteht, und so ergibt sich zugleich die wirtschaftlichste und zweckmäßigste Netzgliederung, wie sie in keiner Phase der Handamtstechnik erreichbar war.

Bei der Feststellung der zu erwartenden Leitungslängen und Dämpfungen hat es sich gezeigt, daß beim Anschluß eines Endamtes an ein Knotenamt mit einer Entfernung von mehr als 12 bis 15 km sich so hohe Dämpfungen ergeben, daß vom Hauptamt zum Knotenamt Adern starken Querschnittes, also 1,4- oder 1,2-mm-Adern, verwendet werden müssen. Wenn nun z. B. an ein Knotenamt wie Starnberg viele Endämter angeschlossen sind, von denen vielleicht nur eines die Dämpfungsgrenze überschreiten würde, so müssen bei völliger Mischung des Verkehrs alle Adern zwischen München und Starnberg, also 30 bis 50 Doppeladern mit 1,4 mm ausgeführt werden, während sie sonst mit 0,9 mm die Dämpfungsbedingungen erfüllen würden. Dieser Aufwand wäre zu treffen, obwohl der Verkehrsanteil des Endamtes, z. B. Seeshaupt, vielleicht nur in der höchsten Verkehrsspitze 3 bis 4 Doppeladern erfordert. Hier würde also der Gewinn der Bündelvereinigung durch den höheren Kupferaufwand mehr als aufgewogen. Zur Abhilfe verwendet man das Mittel der sog. latenten Bündeltrennung (Abb. 13).

Bekanntlich hat man bei doppelgerichtetem Verkehr einen Teil der Leitungen rein abgehend, einen Teil der Leitungen rein ankommend und nur einen bestimmten Prozentsatz zum Ausgleich der Verkehrsfluktuationen mit doppelgerichtetem Verkehr ausgeführt. Wenn diese Aufteilung richtig erfolgt, besteht zwar eine Bündeltrennung, die aber verkehrstechnisch latent bleibt und keinen Nachteil für die Abwicklung mit sich bringt. Voraussetzung ist dabei freilich die richtige Reihenfolge der Inanspruchnahme. Man wird bei den abgehenden Suchwählern, die für die Inanspruchnahme der Leitungen verantwortlich sind, die doppelgerichteten Leitungen, die mit ihrem Vorbelegimpuls mehr Freiwahlzeit zwischen den Stromstoßreihen verbrauchen, an die ersten Suchkontakte, die rein abgehenden Leitungen an die letzten Suchkontakte anschalten. Man wird diese rein abgehenden Leitungen mit einer Abschaltung ausrüsten, welche zunächst den c-Ast der ersten Schrittausgänge unterbricht und so die doppelgerichteten Leitungen erst zugänglich macht, wenn alle rein abgehenden Leitungen bereits belegt sind. Dann aber werden sie bei weiteren Verbindungen als erste in Anspruch genommen, so daß der Gewinn an Freiwahlzeit zur Abgabe des Richtungsimpulses gewonnen ist.

Noch zweckmäßiger ist es, bei den doppelgerichteten Leitungen eine rückwärts gerichtete Suchwahl anzuwenden, weil dann dieser Suchwähler als Doppelbetriebswähler ausgebildet, ankommender Gruppenwähler und abgehender Sucher zugleich sein kann und so den Aufwand vermindert und Doppelbelegung der Leitung in beiden Richtungen unmöglich macht. Dieser Suchwähler wird über Anlaßkette betätigt und, sobald der Anreiz über die Anlaßkette gegeben wird, kann bereits der Belegungsimpuls zur Richtungsausscheidung über die Leitung gegeben werden. Die Freiwahl des abgehenden Organes und die Abgabe dieses Richtungsimpulses überlappen sich also zeitlich und halbieren so den Zeitbedarf. Die Ausbildung der Kette muß im Sinne der Ausscheidung gerichteter und doppelgerichteter Leitungen so sein, daß auch hier erst nach Belegung aller rein abgehenden Leitungen die Kette die doppelgerichteten Leitungen zur Einstellung ihrer Sucherwähler veranlaßt.

Bei dem von einem Endamt höherer Dämpfung abgehenden Verkehr prüft ein Richtungswähler des Knotenamtes in bestimmter Suchrichtung auf die Leitungen zum Hauptamt. Diese sind so an seine Kontakte geschaltet, daß er lauter Adern 1,4 antrifft, und entsprechend dem Verkehrsanteil sind in dem großen Bündel fünf bis sechs derartige Adern vorgesehen. Um eine völlige Bündeltrennung zu vermeiden, werden aber diese hochwertigen Adern von den Richtungswählern des Knotenamtes selbst und der übrigen Endämter als letzte Schritte erreicht, erst wenn eine Abschaltung besagt, daß sämtliche Ausgänge über 0,9er Adern belegt sind.

Für den vom Hauptamt abgehenden Verkehr wird unter Anwendung einer einstelligen Zwischenspeicherung ebenfalls das abgehende Suchorgan veranlaßt, bei Wahl der Kennziffer des Endamtes, hochwertige Leitungen in Anspruch zu nehmen, bei Wahl der übrigen Endämter und des Knotenamtes dagegen die Adern schwächeren Querschnittes in erster Linie, die hochwertigen Äste zuletzt. Es ist dann sogar möglich, mit einem gesteuerten Überbrückungsübertrager eine oder zwei Leitungen direkt am Knotenamt vorbei in das Endamt zu führen, und diesen Leitungen kann man den Vorzug geben, hinsichtlich der Freiwahl des vom Fernamt und Zentralamt ankommenden Weitverkehrs.

Diese Maßnahmen der latenten Bündeltrennung sind genau so zu bewerten wie die Aufteilung in gerichtete und doppelgerichtete Leitungen. Die wirtschaftliche Auswirkung ist eine außerordentlich hohe und so wird man bei der Ineinanderverdrahtung der die Leitungen in Anspruch nehmenden Suchwähler eine sorgfältige Unterteilung der Bündel mit entsprechender Überlappung für die Verkehrsspitzen vorzunehmen haben und die Suchwahlschritte so aufteilen müssen, daß der Nahverkehr jeweils die billigsten, der Weitverkehr die hochwertigsten Leitungen erhält und daß man an Stelle von 30 bis 50 Adern mit 1,4 Querschnitt im vorliegenden Beispiel damit nur 5 bis 6 entsprechend dem Kabelaufbau und die übrigen Adern mit 0,9 mm zu verlegen braucht.

Die Beispiele der Kennzahlenaushilfe und der latenten Bündeltrennung haben bereits gezeigt, daß es mit Hilfe von Abschaltung gelingt, einen Überbrückungsverkehr von der Leitungsbelegung abhängig zu machen und daß dieser sog. gesteuerte Überbrückungsverkehr zugleich eine ideale Belastungsverteilung ermöglicht. Man hatte früher Bedenken, Einzelleitungen als Querverbindung zu benützen, weil Einzelleitungen eine schlechte Ausnützung hinsichtlich der Bündelleistung ergeben. Wenn aber mit Hilfe des gesteuerten Überbrückungsverkehrs dafür gesorgt wird, daß eine Verbindung, die über die Querverbindung abgesetzt werden kann, zunächst mittels der Abschaltung auf deren Freisein prüft und, wenn sie besetzt ist, die Verbindung auf dem Umgehungsweg über das Hauptamt geht, dann bildet diese Einzelleitung mit dem Leitungsstrang zum Hauptamt gewissermaßen ein einheitliches Bündel, genau wie die durch die Abschaltung gesteuerten abgehenden und doppelgerichteten Leitungen.

Im Gegensatz zur Handamtstechnik vermag die Fernwahl in einem derartig ausgerüsteten Netz den Verkehr über mehrere Verkehrswege abzusetzen und dabei zugleich eine ideale Lastverteilung vorzunehmen. Neben einem Hauptweg können zwei, drei und mehr Umgehungswege bereitgestellt werden, und deren Inanspruchnahme kann durch Abschalteeinrichtungen so geregelt werden, daß eine vollkommene Verkehrslenkung entsteht.

Der Gedanke, die Verbindung neben einem Hauptweg auch auf Umgehungswegen ans Ziel zu steuern, ist unter dem Ausdruck „Zielwahl" schaltungstechnisch nach zwei Richtungen durchgearbeitet worden.

a) Schon in der Zeit der halbautomatischen Fernwahl war beabsichtigt, der Fernbeamtin für die Bestimmungsämter, z. B. am Fernplatz München, für Hamburg eine Zielwahltaste zu geben, bei deren Betätigung automatisch ein Leitungsweg München—Hamburg, zunächst über direkte Leitungen, bei deren Überlastung über Nürnberg, Stuttgart, Frankfurt oder über Hannover hergestellt werden sollte. Die Kennzahlen waren für diese Verkehrsmöglichkeiten aufgespeichert und wurden durch den Tastendruck bezeichnet, und Abgreifwähler sorgten dafür, daß zunächst der Verbindungsaufbau auf dem Hauptweg versucht wurde. Stieß dieser auf einen besetzten Ausgang, so wurde die Verbindung abgebrochen und unter entsprechender Umsetzung der Kennzahlen, der erste, zweite oder dritte Umgehungsweg versucht. Unter Verwendung von Frequenzkombinationen und Relaisspeichern war eine schnelle Aufnahme der Kennzahlen, ebenso wie eine schnelle Übertragung in die Durchgangsämter vorgesehen, wobei allerdings ein beträchtlicher Speicheraufwand auftrat. Im Rahmen des geplanten Landesfernwahlnetzes für Doppelbetriebssystem verliert dieser Bezeichnungsknopf seine Bedeutung, nicht aber die Zielwahl als solche. Die von der Beamtin getastete Kennzahl und die vom Teilnehmer gewählte Kennzahl muß zwischengespeichert und im Sinne der Zielwahl ausgewertet werden mit einem in der Verbindung liegenden Speicher- und Übertragungswerk.

b) Neben dieser, etwas aus dem Rahmen der deutschen Wähltechnik herausfallenden Lösung hat der Verfasser einen zweiten Vorschlag ausgearbeitet, welcher auf dem Prinzip der fernübertragenen Abschaltung beruht. Bei einer von München nach Hamburg und darüber hinaus in ein Hauptamt strebenden Verbindung soll für die Auswahl von Haupt- und Umgehungswegen danach nicht der vergebliche Versuch des Verbindungsaufbaues in den aufeinanderfolgenden Richtungen ausschlaggebend sein, sondern unter Wahrung der bereits üblichen Schaltsysteme die Abschaltung zur Steuerung des Überbrückungsvorganges. Die von München abgehenden Übertrager der verschiedenen Richtungen steuern eine Abschaltung. Die Kennzahl, die der Teilnehmer oder die Beamtin wählt, wird gespeichert und vor dem Abgriff wird durch die Abschaltung geprüft, welcher Weg frei ist, und darüber hinaus, welcher Weg am wenigsten belastet ist und in Abhängigkeit davon der Abgreifer veranlaßt, durch Armumsteuerung die entsprechenden Ziffernkombinationen auszusenden und die Verbindung gleich auf den gewünschten Weg zu steuern.

Dabei geht es nicht nur darum, den Besetztzustand der von München ausstrahlenden Richtungen in einer Abschaltung festzuhalten, sondern wenn eine Verbindung über Nürnberg nach Hamburg strebt, so muß eine ferngesteuerte Abschaltung melden, wie stark diese Leitungen belastet sind und wenn das Bestimmungshauptamt X, zwischen Hamburg und Bremen gelegen, sowohl über Hamburg als auch Bremen erreicht werden kann, so soll eine Abschaltung für das Bündel der vom Hauptamt X nach Hamburg und Bremen führenden Leitungen bis nach München anzeigen, ob der Verbindungsaufbau über Hamburg oder Bremen erwünscht ist. Man kann in dieser Weise melden, ob das Leitungsbündel noch 30% frei ist, noch 15% oder völlig belegt und erhält so drei Abschaltungsstufen, die in alle Ausgangszentralämter fernzumelden sind. Es läßt sich zeigen, wie in Abb. 14 durch symbolische Angabe der Stromkreise geschehen ist, daß sich für die großen Zentralämter für jede Abschaltungsrichtung und Abschaltungsstufe ein einziger, für das ganze Amt gemeinsamer Kontakt zur Umsteuerung auswerten läßt. Hält man die Abschaltungskennzeichen in Form der bekannten EC-Schaltung fest, so kann ein 50-ms-Impuls sie einleiten ein 120-ms-Impuls wieder abwerfen. Damit bleibt die Abschaltung lokal festgehalten, und die EC-Schaltung steuert den Überbrückungskontakt, welcher die Verkehrslenkung bewirkt. In Abb. 14 ist links ein als Drehwähler dargestellter zweistufiger Speicher gezeigt, welcher mit den Armen $sp\,1$ die erste, $sp\,2$ die zweite Ziffer aufnimmt. Die Speicherwähler besitzen für jeden Umgehungsweg einen weiteren Arm $spü\,I$, $spü\,II$, $spü\,III$ usw. In den Stromstoßpausen fällt das Steuerrelais V verzögert ab und ein weiteres Verzögerungsrelais W mit etwa 80 ms Abfallzeit, um diese Zeit verschoben, hinter dem V-Relais. In der Zwischenzeit wird über v-Ruhe- und w-Arbeitskontakt auf die Belastungsverteilung der einzelnen Wege geprüft. Eine über diese Kontakte angeschaltete Erde legt das Überbrückungsrelais $Ü\,1$ an den für das ganze Amt gemeinsamen Kontaktausgang der betreffenden Verkehrsrichtung, der unterhalb der strichpunktierten Linie die Verbindung zur Spannung über Vorschaltewiderstand herstellt. Jeder augenblicklich zu stark belastete Weg veranlaßt die Anschaltung der Minusspannung und so kommt unter Einfluß des Hauptweges das Überbrückungsrelais $Ü\,1$ zum Ansprechen, schaltet den zweiten Speicherarm an den ersten Umgehungsweg und, wenn dieser überlastet ist, wird unmittelbar anschließend $Ü\,2$ erregt, schaltet auf den dritten Speicherarm, also auf den zweiten Umgehungsweg um usw. Das zuletzt erregte $Ü$-Relais hält sich, wie rechts angedeutet, lokal und vollzieht die Umschaltung der rechts dargestellten Abgreiferarme. Für den Speicherabgriff SPA ist je ein fünfter Speicherarm $spa\,1$, bzw. $spa\,2$ vorgesehen und diese Ausgänge sind auf die Eingänge des Abgreifers durchverdrahtet. Während die Abgreiferarme, die über $ü\,1$-Ruheseite angeschaltet sind, die gespeicherte Ziffer für den Hauptweg unverändert abgreifen, sorgen die durch $ü\,1$-Kontakte angeschalteten zweiten Abgreiferarme für einen Abgriff, welcher die Verbindung auf dem ersten Umweg ans Ziel steuert. Sinngemäß werden durch den dritten, vierten und weitere Abgreiferarme die Kennzahlen der weiteren Umwege abgegriffen. Ein zwischen den Stromstoßreihen weiterschaltender Steuerschalter von dem nur Arm I angedeutet ist, legt nacheinander die Abgreiferarme an Spannung, und bei jedem Schritt des Abgreifers wird ein Stromstoß ausgesendet, bis das am Speicher liegende Prüfrelais P die Stromstoßweitergabe unterbricht.

Dem Prinzip der direkten Einstellung entsprechend kann bei diesem Verfahren auf Komplikationen der Tonfrequenzwähleinrichtungen völlig verzichtet werden und die Steuerung der Umgehungswege ohne Heranziehung weiterer Frequenzen und dergleichen, also in einfachster Weise vollzogen werden. Am Ende der so eingestellten Haupt- und Umgehungswege liegt ein Zentralamt und in diesem ein Netzgruppenwähler, da die auf die Zentralamtsziffer folgende Kennziffer ja ein Hauptamt des Zubringerbereiches einstellen soll. Wenn nun ein Umgehungsweg eingestellt wurde, ist das erreichte Zentralamt nicht das Zielamt, sondern Durchgangsamt und die Verbindung muß durch das Zentralamt hindurch, zunächst in das Bestimmungszentralamt weitergesteuert werden. Das Schaltbild zeigt als Beispiel an den Abgreiferarmen der zweiten Stufe eine Erdung des 11. Kontaktes, wobei im Stromkreis dieser Erde ebenfalls das Prüfrelais P liegen kann. Wenn also z. B. abgehend von München die Ziffern 07, Hamburg, für den Hauptweg abzugreifen waren und statt dessen die Verbindung über dem ersten Umgehungsweg über Nürnberg laufen soll, so ist zunächst der 7. Schritt des Speichers $Spa\,1$ auf den dritten Schritt der Abgreiferbank $aü1\,1$ durchverdrahtet. An zweiter Stelle wird durch den Arm $aü1\,2$ die Aussendung von elf Stromstößen bewirkt und dadurch von dem ankommenden Netzgruppenwähler in Nürnberg ein Überhubkontakt betätigt, welcher einen mit dem Gruppenwähler verbundenen Suchwähler anläßt, welcher wiederum einen Zentralamts-GW des Zentralamtes Nürnberg einstellt. Der dritte Abgriff des Abgreifers entspricht wiederum der Beschaltung der ersten Kontaktbank, d. h. es wird 7 abgegriffen, und der zweite GW in Nürnberg stellt damit die Leitung nach Hamburg ein. Dieses Verfahren verzögert die Verbindung um die

Wahl der Ziffer 3 und 11, also um knapp 2 Sekunden, die bei der späteren Wahl der Teilnehmer-rufnummer durch beschleunigten Abgriff wieder aufgeholt werden. Der Teilnehmer kann ja eine größere Zahl von Ziffern nicht mit der kürzesten Zwischenzeit zwischen zwei Stromstoßreihen wählen und so tritt eine irgendwie fühlbare Verzögerung im Verbindungsaufbau nicht ein. Will man die Zeitverzögerung durch Übertragung der elf Stromstöße vermeiden, so kann man durch ein Kenn-zeichen des $Ü$ 1-Relais veranlassen, daß der erste der sieben Stromstöße der zweiten Reihe mit län-gerer Dauer gesendet wird und dadurch oder durch einen Belegimpuls unterschiedlicher Dauer die Einstellung des ZGW anreizen. Für die Auslösung dieser Übertrager muß dann, was durchaus zulässig ist, eine weitere Zeitabstufung gewählt werden. Derartige, im lokalen Teil der Gleichstromkreise wirksam werdende Ausscheidungsmittel sind viel billiger und sicherer als die Komplikation der Ton-frequenzwahl durch Heranziehung einer zweiten Frequenz zur Betätigung einer sog. Frequenzweiche.

Sobald die Verbindung in Hamburg angekommen ist, sendet der Abgreiferarm a 4 und die fol-genden ohne jegliche Umrechnung die weiteren Kennziffern und die gerufene Nummer.

Die für das ganze Amt gemeinsamen Kontaktanordnungen zur Verkehrslenkung sind unterhalb der strichpunktierten Linie angedeutet und im rechten Teil für ein Beispiel ausgeführt. Die Kontakte h I, h II und h III kennzeichenen für den Hauptweg, also z. B. München—Hamburg, folgenden Belastungsstand:

h III-Kontakt schließt, wenn nur noch 30% Verkehrswege frei sind,

h II -Kontakt, wenn nur noch 15% frei sind,

h I -Kontakt, wenn alle Wege besetzt sind.

Wenn h III-Kontakt geschlossen hat, also nur noch weniger als 30% Verkehrswege des Haupt-weges frei sind, so prüfen die in Reihe zu ihm geschalteten Kontakte u 1 III, u 2 III, u 3 III, ob noch einer der Umgehungswege weniger als 30% Belastung aufweist, und wenn dies der Fall ist, liegt die Minusspannung an, so daß dieser am wenigsten benützte Weg durch Erregung des entsprechen-den Relais $Ü$ 1 bis $Ü$ 3 benützt wird. Sinngemäß wird, wenn h II- und h III-Kontakt geschlossen hat, durch drei in Reihe geschaltete und unter sich parallel geschaltete Ruhekontakte, u 1 II, u 2 II, u 3 II, festgestellt, ob die Umgehungswege noch teilweise über 15% freie Verkehrswege aufweisen und wird davon die Benützung des Hauptweges (wenn keiner der u-Kontakte geschlossen ist) oder eines Umgehungsweges abhängig gemacht. Dieses Verfahren erlaubt somit eine vollkommene Verkehrs-lenkung zu dem Zwecke, im ganzen Netz das Belastungsniveau auszugleichen und, da für jeden Ver-bindungsfall durch die fernübertragene Abschaltung einerseits der Zustand der Teilstrecken voraus-gemeldet wird, durch die Kennzahlenwahl andererseits bei Einleitung der Prüfung das Ziel bereits gekennzeichnet ist, wird durch diese Anordnung jeder Verbindung der zweckmäßigste Weg zugewiesen. Die einzelnen Verkehrswege im maschenförmigen Teil des Landesnetzes, welcher zwischen den Zen-tralämtern verläuft, treten untereinander in Wechselbeziehung zum Verkehrsaustausch, so daß sie gewissermaßen wie ein einheitliches Bündel betrachtet werden können. So ergibt sich eine Ver-kehrslenkung, wie sie in dieser Exaktheit und Schnelligkeit in keinem handvermittelten Netz denkbar ist, und man kann den Stand der Belastung, wie er durch die Kontaktreihen h II usw. zum Ausdruck kommt, auch im Fernamt auf einem Lampentableau oder einer Netzkarte mit Lampen zur Anzeige bringen und dadurch für den Fernsprechbetrieb eine klare Übersicht schaffen.

Angesichts dieser weitgehenden Möglichkeiten ist der erforderliche Aufwand ungewöhnlich gering. Für die Hauptwege ist die örtliche Abschaltung anzuwenden, für die Umgehungswege und deren Fortsetzung jenseits des Durchgangsamtes eine fernübertragene Abschaltung, die durch die unten dargestellte EC-Schaltung festgehalten wird. Man kann z. B. auf einem WT-Kanal zwischen Ham-burg und München einen synchron umlaufenden Verteiler vorsehen, welcher wie der eines Baudot-Apparates über seine Ausgänge mit etwa 1/8 Sekunde Schrittdauer je eine EC-Schaltung an beiden Leitungsenden anlegt und kann so mit einem 50-ms-Impuls die Abschaltung betätigen, mit einem 120-ms-Impuls wieder aufheben. Für jeden Durchgangsfall, der zur Umgehung herangezogen wird, ist eine EC-Schaltung für Vollbelastung, für 15% freie Wege und für 30% freie Wege vorzusehen, und so sind in einem Zentralamt wie München vielleicht 30 bis 40 EC-Schaltungen im Höchstfalle erforderlich, um diese vollkommene Verkehrslenkung zu bewirken. Statt des Wt-Kanals kann auf einer Leitung, welche für Dienstzwecke benützt wird, auch ein Seitenkanal benützt werden, wie ihn z. B. die MEK-Geräte zur Pegelregelung auf Freileitungen benützt haben (bei 2900 Hz). Es steht zu erwarten, daß diese Aufgabe nicht die einzige bleiben wird, die in einem Landeswählnetz über-tragen werden muß und daß man gut tun wird, solche Seitenwege offenzuhalten für Signalisierung von Störungen, Pegelschwankungen und Verkehrsverteilungen.

Ist es aber nicht möglich, eine derartige Einrichtung bereitzustellen, so kann man zwischen den Gesprächspausen die Übertragung auch auf normalen Leitungen vornehmen, in dem man jeweils am Gesprächsende die rückwärtige Sperrung in der Weise ausnützt, daß anschließend an den Aus-löseimpuls eine Zeit von 200 ms für diese Übertragung reserviert wird, welche beiderseits Sender und Empfänger der Abschaltungsübertragung anlegt, worauf dann nach Ablauf dieser 200 ms die Rückschaltung auf normalen Betrieb und Abgabe des Entsperrimpulses erfolgt.

Zusammenfassend kann für das zu schaffende Landeswählnetz vorausgesagt werden, daß es den wirtschaftlichsten Netzaufbau, die hochwertigste Leitungsausnützung und den schnellsten und zuverlässigsten Verkehr liefern wird, der nach dem heutigen Stand der Technik erhofft werden kann. Nachdem der Sofortverkehr an sich als Ziel gestellt ist und die Schaffung entsprechender Verkehrswege voraussetzt, erscheint die Form eines Landeswählnetzes mit Doppelbetriebssystem geradezu als zwingend. Es wird in dem deutschen Fernsprechnetz vielfach leichter sein, Übertragungswege für Weitverkehr bereitzustellen, als die Verkehrsstauungen innerhalb der Netzgruppe und was besonders bedauerlich ist, in den Ortsnetzen der Großstädte zu beseitigen. Die Verwaltungen können die früheren Grundsätze, den Teilnehmer zu zwingen, eine weitere Leitung zu nehmen, wenn im Tag etwa sieben Besetztfälle gemessen werden, leider wegen Mangels an Leitungen und Anschlußorganen auf Jahre hinaus nicht durchführen. Nicht zuletzt deshalb ist die Forderung der Aufschaltemöglichkeit eine vordringliche geworden. Diese Stauung in den Ortsausgängen wird sich natürlich auch auf den Fernverkehr auswirken und so wird es keinen Zweck haben, in der Dimensionierung der Fernwahlnetze zu hohe Forderungen zu stellen, also etwa unter 1% Verlust herunterzugehen. In den bayerischen Netzen hat sich gezeigt, daß bei 100% Verlust noch ein recht erträglicher Verkehr besteht und die Tatsache der Stauungen am leichtesten dann zu ertragen ist, wenn die Vorbelastung des Gespräches durch den Zeitbedarf für den Verbindungsaufbau eine möglichst geringe ist. Auch diese Tatsache empfiehlt die Fernwahl, da sie die Herstellung der Verbindung durch den Teilnehmer oder höchstenfalls durch eine einzige Beamtin aufs äußerste beschleunigt. Weiterhin werden Maßnahmen nahegelegt, um alle nicht zum Erfolg führenden Verbindungen sofort bis zu einer Fangschaltung auszulösen, von der die Verbindungswege in derselben Millisekunde freigeschaltet werden, wo ein Durchdrehen der Wähler die Fangschaltung betätigt, während vielleicht der Teilnehmer, ohne den Hörer ans Ohr zu nehmen, noch 5 bis 10 Sekunden lang die Verbindung weiterwählt. Die schaltungstechnischen Maßnahmen hiefür sollen anschließend beschrieben werden. Wenn durch die Möglichkeit der Zielwahl und der Verkehrslenkung die geplante weitgehende Ausnützung von Umgehungswegen größte Leitungsbündel schafft, wird sich trotz dieser zeitbedingten Schwierigkeiten ein ausgezeichneter Fernverkehr erzielen lassen. Daß die Möglichkeit des Zusammenschlusses der großen Verkehrszentren der Großstädte einen außergewöhnlichen Vorteil für die Wirtschaft ergibt, ist wohl verständlich.

Wählvermittlungseinrichtung für ein Landeswählnetz nach dem Doppelbetriebssystem

Die Erweiterung des Selbstwählverkehrs und des halbautomatischen Fernverkehrs auf das Gebiet des ganzen Landes in Form des Doppelbetriebssystems kann erfreulicherweise mit den bereits erprobten Mitteln durchgeführt werden. Der Wähleraufbau der einzelnen Ämter und die Ausrüstung der Übertragungswege stellt keine grundsätzlichen neuen Aufgaben. Der Übergang von der direkt gesteuerten Verbindungsherstellung zur grundsätzlichen Umrechnung, wie sie in den Maschinenwählersystemen üblich ist, erscheint in keiner Weise begründet.

Dagegen erwies es sich als notwendig, an geeigneter Stelle in den Verbindungsaufbau Zwischenspeicherwerke einzuschalten, welche eine gelegentliche Umsetzung von Stromstoßreihen vornehmen können.

Die heute bereits bestehenden Umsteuerwähler mit ihren Mitlaufwerken erfahren dabei eine geringfügige Erweiterung, wobei speziell das Mitlaufwerk für die Rolle des Zwischenspeicherwerkes ergänzt werden muß.

Ein solches Zwischenspeicherwerk wird mit dem Umsteuerwähler des Knotenamtes, dem bisherigen Richtungswähler zu verbinden sein, und da dieser Umsteuerwähler zugleich die Speicherelemente für die Gebührenerfassung enthalten soll, wird der Name

Umsteuerwähler für Gebührenermittlung = UWG

vorgeschlagen.

Im Hauptamt entsteht die Forderung, nach Wahl der Ziffer Null die Blindbelegung bis ins Zentralamt zu vermeiden, da es billiger ist, eine Ziffer zu speichern, als mit dem gleichen TC-Wert die hochwertige Vierdrahtverbindungsleitung zum Zentralamt zu belegen. Ein

Umsteuerwähler für Durchgangsverkehr = UWD

übernimmt diese Aufgabe zugleich mit der Anschaltung des Schnellverkehrsplatzes, wenn dieser durch Wahl von „00" im Doppelbetriebssystem in Anspruch genommen wird.

Im Zentralamt entsteht die bereits beschriebene Aufgabe der Zielwahl und wir benötigen eine Speicherung, deren wesentliche Elemente in Abb. 14 gezeigt und beschrieben wurden. Ein

Umsteuerwähler für Schnellverkehr = UWS

übernimmt hier die Aufgabe der Verkehrslenkung und der Zielwahl.

Es ist eine Frage zweiter Ordnung, ob diese Organe dauernd in der Verbindung bleiben oder nach Abgabe einer genügenden Zahl von Stromstößen durch Überbrückung ausgeschaltet werden. Besonders für den UWD und den UWS besteht diese Möglichkeit und verspricht eine Senkung der Kosten. Durch die Einschaltung dieser Zwischenspeicher ergibt sich einerseits eine sehr wertvolle Impulserneuerung, indem die vom Abgreifer weiter gesendeten Stromstöße unabhängig von den Streuwerten der Teilnehmerwählscheibe mit genauer Zeiteinstellung ausgesendet werden. Weiterhin ergibt sich zwischen Speicherung und Abgriff eine Phasenverschiebung von etwa 300 ms, wenn nicht ganze Ziffern gespeichert werden müssen, und diese Zeit kann für Freiwahlvorgänge in den Knotenstellen und zur Heranholung gemeinsamer Organe wertvoll ausgenützt werden. Vielfach ist es möglich, beim Abgriff des Speichers unmittelbar den abgehenden Übertrager mittels rückwärts gerichteter Suchwahl auf den ankommenden Verbindungsweg einzustellen, und dann können Gruppenwählerstufen, wie ZGW, Netz-GW und Ämter-GW aus der Verbindung ausgeschaltet bleiben, so daß die Einsparung dieser GW-Stufen den Aufwand des Speichers, der auch im UWD und UWS 3- bis 4stellig sein und periodisch arbeiten kann, reichlich aufwiegt. Greift diese rückwärtige Suchwahl um den Speicher herum, auf den ankommenden Verbindungsweg, so kann der Speicher auch nur für eine Zeitdauer von 10 ms, statt von 3 Gesprächsminuten in Anspruch genommen werden und die Zahl der benötigten Speicher vermindert sich in diesem Verhältnis.

So sehr also diese Feststellungen gegen die grundsätzliche Anwendung von Umrechnungssystemen spricht, so zwingend erscheint die Einführung der Speicher in Form des UWG, UWD, UWS.

Damit sind wir also in der Lage, die Wählerübersichtspläne für den Netzaufbau für die verschiedenen Ämtertypen und -klassen an Hand der Abbildungen 15 bis 19 zu betrachten.

Abb. 15 und 16 zeigt die Wählerübersichtspläne für das Endamt in verschiedenen Ausführungsformen je nach der Teilnehmerzahl, dem Vorhandensein von Querverbindungen und schließlich je nach dem derzeitigen Stand, von dem aus das Endamt für Landesfernwahl ergänzt werden muß. Entscheidend ist auch, ob im Ortsverkehr die letzte Stelle der Kennzahl vor die Ortsrufnummer gesetzt wird oder nicht. Wir wollen daraus zunächst jene Form vorwegnehmen, die bei Neubeschaffung als zweckmäßigste erscheint. Der Teilnehmer liegt an einem Anrufsucher, dessen Anruforgan aus R- und T-Relais besteht und mit Fangschaltung ausgerüstet ist. In allen nicht erfolgreichen Verbindungsfällen soll in diese Fangschaltung abgeworfen werden, so daß kein gemeinsames Organ des Amtes belegt bleibt. Der Anrufsucher ist mit einem Drehgruppenwähler verbunden, welcher folgende Aufgaben übernimmt. Angenommen, das Amt besitzt 200 Teilnehmer und die letzte Ziffer der Kennzahl, die sog. Endamtskennziffer ist 9 und wird vor die Teilnehmerrufnummer gesetzt, so wird das Amt die Rufnummern 9111 bis 9200 besitzen. Die übrigen Hunderter sind für einen Ausbau auf tausend Teilnehmer in Reserve. Der Drehgruppenwähler ist so ausgeführt, daß er eine Suchwahl über drei Bänke auszuführen vermag. Bei Wahl der Ziffer 0 wird der abgehende Übertrager eingestellt, bei Wahl der Ziffer 9 wird eine Raststellung bezogen und ein Rastrelais erregt, bei anschließender Wahl von 1 bzw. 2 wird über je eine Kontaktreihe die Freiwahl vollzogen. Der Dreh-GW kann zehnschrittig sein und etwa zehn Arme besitzen. Sein Relaissatz ist mit Speisung ausgerüstet, so daß hinter ihm Wechselstromübertrager normaler Ausführung liegen können. An den ankommenden Leitungen liegt ein ankommender Gruppenwähler zur Ausscheidung der Dekaden 1 und 2, der auch als Dreh-GW ausgebildet sein kann. Für die Wechselverkehrsleitungen ist mit dem Übertrager ein Doppelbetriebswähler verbunden, welcher ankommend als Drehgruppenwähler, abgehend als Suchwähler dient. Wenn der Drehgruppenwähler die Dekade 0 eingestellt hat und die Abschaltung meldet, daß die rein abgehenden Leitungen sämtliche belegt sind, so wird der Doppelbetriebswähler über eine Kette angelassen und stellt sich unter Umgehung der Arme des Drehgruppenwählers auf die rufende Leitung ein, wobei aber dessen Speisungsstromkreis in der Verbindung eingeschaltet bleibt. Lediglich die Kontaktstelle der Arme könnte vermieden werden. In dem Augenblick, wo der Drehgruppenwähler nach Wahl der Ziffer 0 den Wechselverkehrsübertrager über die Kette belegt, gibt dieser bereits den Richtungsausscheidungsimpuls in das Knotenamt, während gleichzeitig der Doppelbetriebswähler in rückwärtsgerichteter Suchwahl sich auf den anfordernden Drehgruppenwähler einstellt. Die gerichteten Übertrager arbeiten ohne Belegimpuls. Die Einrichtungen zur Gebührenerfassung liegen im Knotenamt. Im Anrufstromkreis, vor oder hinter dem AS, ist, wie im Wählerübersichtsplan angedeutet, ein Senderweg zur Übertragung der rufenden Teilnehmernummer vorgesehen. Über einen Umschaltkontakt im a-Ast des Anrufsuchers wird zu dem Einer- und Zehnerkennzeichnungskontakt des Senders sowie zu dem Gruppenkontakt durchgeschaltet und dieser für das Amt gemeinsame Sender wählt wie die Wählscheibe des rufenden Teilnehmers am Gesprächsende die rufende Nummer, welche wie normale Teilnehmerimpulse über den I. GW übertragen werden.

Besitzt das Endamt außerdem eine Querverbindung, so ist etwa im abgehenden Wechselstromübertrager ein Relaismitlaufwerk vorgesehen, welches den mit der Querverbindungsleitung verbundenen Doppelbetriebswähler veranlaßt, sich ähnlich wie bei den abgehenden doppelgerichteten Leitungen auf den Drehgruppenwähler einzustellen, und die Leitung zum Knotenamt wird daraufhin abgebrochen. Wenn diese Querverbindung des Endamtes nicht in ein Knotenamt führt, ist eine einfache Einrichtung zur Zeitzonenzählung im Übertrager vorgesehen.

Wenn das Endamt unter hundert Teilnehmer besitzt, so wird man für den Internverkehr Anrufsucher-Leitungswähler vorsehen und den Leitungswähler mit Zusatzeinrichtung für Nullwahl und Wahl der Ziffer 9 ausrüsten. Bei Nullwahl stellt sich ein Fernrufsucher als Doppelbetriebswähler auf den rufenden Teilnehmer ein, und dieser enthält auch die Stromkreise für Speisung. Bei Wahl der Ziffer 9 schaltet der Leitungswähler durch, dreht dann durch und steht für die Zehner- und Einereinstellung wieder neu bereit. (Abb. 16.)

Beim Einbau in vorhandene Ämter wird man zwischen dem I. Vorwähler und allenfalls dem II. Vorwähler und dem I. GW den Netzgruppenzusatz einfügen, der je nach der Ausführung des Amtes verschieden aussehen muß. II. Vorwähler für Umsteuerung und Mitlaufwerke sind dabei ebenso verwendbar wie Drehgruppenwähler. Der Nullausgang kann über den I. GW oder über einen Drehgruppenwähler geleitet werden. Man wird Eingriffe in die bestehenden Ämter auf Zubauten beschränken und die Schalteinrichtungen lediglich im Sinne der erweiterten Regelkriterien ergänzen.

In Abb. 16a ist für einen Neubau eines Endamtes mit 200 bis 1000 Teilnehmer mit rein gerichteten ankommenden und abgehenden Leitungen zunächst eine Regelausführung gezeigt. Sie kann aus Anrufsuchern oder I. Vorwählern, Drehgruppenwählern oder normalen I. GW bestehen, wobei in bekannter Weise über Null der abgehende Verkehr eingestellt wird.

In Abb. 16b ist an Stelle des Vorwählers der Anrufsucher dargestellt und der Größe des Amtes entsprechend für den Verbindungsleitungsverkehr doppelgerichteter Verkehr angenommen. Mit dem Übertrager ist der als Doppelbetriebswähler geschaltete Suchwähler-Leitungswähler verbunden, welcher für die ankommenden Verbindungen als Leitungswähler wirkt, während die abgehenden Verbindungen nach Wahl von Null über den Suchvorgang desselben Wählers eingestellt werden. Ist statt des Drehgruppenwählers ein II. VW für Umsteuerung vorgesehen, so würde dieser die interne Kontaktbank freigeben und über die zweite Kontaktbank rein abgehende Übertrager einstellen. Für die Wechselverkehrsleitungen wird der Suchwähler des Übertragers unter Umgehung der Arme des II. VW auf diesen aufprüfen. Dabei müßte der Übertrager Speisung für den rufenden Teilnehmer und Zählstoßübertragung erhalten. Aus letzterem Grund werden gegen die Verwendung des II. VW statt des Drehgruppenwählers vielfach Bedenken erhoben.

Ausführung 16c entspricht der kleinsten Zentrale mit Anrufsuchern und Leitungswählern für Internverkehr und einem Doppelbetriebswähler für den Verbindungsverkehr, welcher abgehend Fernanrufsucher, ankommend Leitungswähler ist und bei Nullwahl angereizt wird.

Abb. 16d zeigt die grundsätzliche Eingliederung der Querverbindung, wenn diese gerichteten Verkehr besitzt, etwa abgezweigt von der 3. Kontaktbank eines Umsteuerwählers oder eines Drehgruppenwählers. Im Nullverkehr liegt im abgehenden Übertrager ein Mitlaufwerk mit Speicher für die Kennzahl, welches die Umsteuerung auf die Querverbindung veranlaßt. Bei Ausführung als Drehgruppenwähler würde diese Umsteuerung ebenfalls von diesem Mitlaufwerk bewirkt, so daß der Drehgruppenwähler ein Mittelding zwischen Umsteuerwähler und Drehgruppenwähler wird.

Abb. 16e zeigt noch einmal die Eingliederung des Verbindungsverkehrs mit gerichteten und doppelgerichteten Übertragern, wobei ein II. Vorwähler für Umsteuerung oder Drehgruppenwähler die Nullwahl vermittelt und der doppelgerichtete Übertrager über einen zugleich als Suchwähler und Gruppenwähler dienenden Doppelbetriebswähler auf die Leitung zwischen Anrufsucher und II. Vorwähler aufprüft. Die Kontaktstelle der Schaltarme dieses II. VW oder Drehgruppenwählers können dabei eingespart werden, da eine doppelte, in Reihe geschaltete Suchwahl nicht erforderlich ist.

In Abb. 16f ist eine Kleinzentrale dargestellt, für 50 Teilnehmer, mit verdeckter Kennziffer 9, die im Ortsverkehr mitgewählt wird. Der Leitungswähler ist mit zwei Dekadenkontakten 9 und 0 ausgerüstet, reizt bei Nullwahl den Fernanrufsucher an, während er bei Wahl von 9 ein Durchschalterelais erregt und wieder auslöst, um dann die folgenden zwei Stellen einzustellen. Wenn weniger als 50 Teilnehmer vorhanden sind und der Doppelbetriebswähler hundertteilig ist, kann dabei je eine Hälfte als Anrufsucher und eine Hälfte als Leitungswähler dienen und der Wähler muß vieradrig werden.

Abb. 16g setzt eine zweistellige interne Kennzahl voraus, z. B. 23, die etwa zunächst in einem Mitlaufwerk aufgenommen wird und dann auf den internen GW umsteuert. Der abgehende Verkehr geht über die 3. Kontaktbank, soweit er nicht als doppelgerichteter Verkehr den Suchwählergruppenwähler anreizt, sich zwischen Anrufsucher und II. Vorwähler einzustellen. Statt des Mitlaufwerkes kann auch der Drehgruppenwähler so ausgeführt werden, daß er erst zwei, dann drei Schritte ausführt und dann den I. GW einstellt oder bei Nullwahl den abgehenden Weg.

Ausführung 16h zeigt den Zubau des Amtsteiles für Selbstwählverkehr in einem Seitenamt für 100 Teilnehemr nach dem Überweisungssystem. Wenn bisher der abgehende Verkehr über den Leitungswähler erfolgte, wird man diesen Weg künftig unterbinden und zwischen I. VW und LW einen Drehgruppenwähler einschalten, hinter den sich bei Querverbindungen ein Mitlaufwerk in den abgehenden Weg legt. Die mit Wechselverkehr betriebene Querverbindung erhält den gleichen Doppelbetriebswähler wie die Leitung zum Knotenamt, nur erfolgt der Anreiz vom Mitlaufwerk aus erst nach Wahl der Querverbindungskennziffer.

Bei Ausführung 16i handelt es sich um ein Seitenamt größerer Type, bei dem der abgehende Nullverkehr entweder über den GW geleitet werden kann oder über einen neu einzusetzenden II. Vorwähler für Umsteuerung oder Drehgruppenwähler. Unter der Vielzahl dieser Möglichkeiten gilt es für jede verwendete Wählerart eine Auswahl zu treffen, so daß sich die Ämter etwa auf die Typen c, d und g beschränken.

Abb. 17 zeigt den Wählerübersichtsplan eines neu errichteten Knotenamtes, unter der Annahme, daß für das Knotenamt selbst sämtliche Rufnummern mit „1" beginnen, während unter „0" die Verkehrsscheidung für Fernwählverkehr erfolgt. Der Teilnehmer liegt am Anrufsucher und ist je nach der Amtsgröße mit oder ohne II. Vorwähler mit dem Drehgruppenwähler verbunden, welcher etwa siebenarmig und zehnschrittig die Dekade „1" bzw. „0" ausscheidet und dann über seine Kontakte die Freiwahl vollzieht. In dem für Netzvermittlung bestimmten Teil sehen wir links aus den Endämtern Verbindungsleitungen ankommen, zu dem gerichteten ankommenden Übertrager Ük oder zu dem Wechselverkehrsübertrager Üw und von dem abgehenden Übertrager Üg zu den Endämtern mit den Endamtskennziffern 2 bis 9 verlaufen. An der rein ankommenden Leitung liegt ebenso wie am Nullausgang des DGW der Umsteuerwähler für Gebührenermittlung UWG. Hinter diesem befindet sich ein Doppelumsteuerwähler, welcher, bei der Belegung sofort anlaufend, eine zum Hauptamt abgehende Leitung einstellt. Ist die zum Hauptamt führende Leitung doppeltgerichtet und hat der VGW noch eine Dekade frei, so wirkt er in dieser als Suchwähler und stellt sich auf den UWG ein. Für die aus dem Endamt mit doppelgerichtetem Verkehr ankommenden Leitungen ist ein Mischwähler vorgesehen, so daß der UWG nur dann belegt wird, wenn die Verbindung in ankommender Richtung beansprucht ist. Der UWG ist eine ziemlich teure Einrichtung, und so ist es wirtschaftlich von Bedeutung, ob im Falle des doppelgerichteten Verkehrs etwa 40% dieser Organe gespart werden können oder nicht. Mit dem UWG verbunden sind die für das Amt gemeinsamen Organe, der Zonenumrechner ZU, welcher beim Aushängen des gerufenen Teilnehmers für zwei Sekunden beansprucht wird und ohne Freiwahl über Sammelschienen angeschaltet wird, der Zetteldrucker ZD, welcher am Gesprächsende für etwa 20 bis 25 Sekunden zur Ausfertigung eines Zettels angeschaltet wird, und das Gebührenermittlungsgerät, welches bei Anforderung durch den Teilnehmer die selbsttätige Gebührenansage vermittelt.

Für den vom Hauptamt ankommenden Verkehr ist ein Verbindungsgruppenwähler VGW vorgesehen, dessen Dekade „1" ins Knotenamt führt, während die Dekaden 2 bis 9 zu den Endämtern führen, im Falle des Wechselverkehrs unter Umgehung des Mischwählers, etwa so, wie der LW auf den Vorwähler aufprüft, wenn dieser in Nullage steht. Die Gesprächsarme des Mischwählers bleiben ausgeschaltet. Im UWG wird die gerufene Kennzahl und die gerufene Teilnehmernummer gespeichert. 300 ms nach Eingang der Stromstöße werden sie durch den Abgreifer ins Hauptamt weitergeleitet und diese zwischenliegende Zeit benützt der DUW zur Verknotung ins Hauptamt. Erst wenn er aufgeprüft hat, kann der erste Abgriff erfolgen. Geht die Verbindung aus einem Endamt ins Knotenamt, so wird der obere der Doppelumsteuerungswähler wirksam, die Leitung zum Hauptamt wird freigegeben und der interne VGW eingestellt. Wird eine Querverbindung gewählt, so kann der abgehende Umsteuerwähler über eine zweite Kontaktbank diese erreichen, wenn sie nicht, mit doppelgerichtetem Verkehr ausgerüstet, selbst einen Suchwähler besitzt. Dann würde dieser sich in gleicher Weise anschalten wie der VGW an den MW, also unter Ausschaltung der Arme des DUW.

Eine besondere Aufgabe hat der UWG im Doppelbetriebssystem bei halbautomatischem Verkehr. Der Teilnehmer wählt in diesem Fall 00 und wird im Hauptamt mit dem Schnellverkehrsplatz verbunden. Die von der Beamtin anschließend durch Tastung gewählte Kennzahl und gerufene Teilnehmernummer wird durch den UWD des Hauptamtes und über die zum Hauptamt führende Wechselstromleitung von rückwärts in den UWG übertragen und hier ebenso gespeichert, wie wenn der Teilnehmer sie gewählt hätte. Andererseits wird durch die zweite Null das Kennzeichen für die halbautomatische Verbindung gegeben, für den Fall, daß diese anders tarifiert werden sollte, und im Falle des Überbrückungsverkehrs im Knotenamt bleibt die Leitung zum Hauptamt und zum Schnellverkehrsplatz als Stichleitung noch angeschaltet, bis die letzte Ziffer der Teilnehmerrufnummer übertragen ist, dann wird die Leitung zum Hauptamt abgebrochen. Daraus ist ersichtlich, daß im vorgeschlagenen Doppelbetriebssystem auch die Einstellung von Querverbindungen und die Überbrückung im Knotenamtsbereich selbst dann möglich ist, wenn die Verbindung halbautomatisch aufgebaut wird. Nach Aussendung der letzten Stromstoßreihe ist die Verbindung schaltungstechnisch wie eine vollautomatische Verbindung behandelt. Wenn beim Verbindungsaufbau irgendein Wähler durchdreht oder der Teilnehmer besetzt gefunden wird, geht über die Leitung rückwärts ein später zu beschreibender Rückauslösungsimpuls ein und die Verbindung wird bis zur Fangschaltung abgeworfen, aus der der Teilnehmer das Besetztzeichen erhält. Alle gemeinsamen Organe im Endamt, Knotenamt, Hauptamt und darüber hinaus werden in derselben Millisekunde frei. Wenn die Freimeldung eingeht, erhält der Teilnehmer des Knotenamtes aus dem DGW, der des Endamtes aus dem eigenen GW das erste und dann das periodische Freizeichen. Wenn der gerufene Teilnehmer sich meldet, wird der Zonenumrechner angeschaltet und die Zone in den UWG übertragen und gespeichert. Wenn der rufende oder gerufene Teilnehmer einhängt, wird die Verbindung hinter dem UWG abgebrochen und der Zetteldrucker über Suchwähler angefordert. Dann wird zunächst aus dem Endamt oder aus dem Anrufsucher des Knotenamtes die rufende Nummer übertragen und abgedruckt und dann die Verbindung vor dem UWG abgebrochen. Sodann gibt der UWG die gespeicherte Kennziffer und gerufene Nummer in den Zetteldrucker, dann den Zonenwert und die Zahl der Gesprächsminuten. Dann wird auch der UWG freigegeben. Der Zetteldrucker holt sich aus dem für das Amt gemeinsamen Zeit- und Datumgeber noch Datum und Tageszeit und legt dann den Zettel ab.

Hätte der Teilnehmer die Gebühr angefordert, so muß er statt einzuhängen, die Wählscheibe nochmal aufziehen. Dann wird vor dem Abdruck des Zettels dadurch das Gebühreneinstellgerät angeschaltet und Zone und Zeitdauer mit einem Aufwand von einer Sekunde übertragen. Der rufende Teilnehmer hört dann, während die Verbindung hinter dem UWG abgebrochen wurde, aus diesem magnetophonisch die Zusprache der Gebühr. Wenn er einhängt, erfolgt der Abdruck des Zettels in der beschriebenen Weise.

Im UWG ist schließlich ein Überwachungskipper vorgesehen, welcher auch bei Besetztverbindungen für Statistikzwecke oder zur Ermittlung falschwählender Teilnehmer den Zetteldrucker anfordert und die rufende Nummer feststellt. Dabei wird zugleich die Kennzahl und gerufene Nummer abgedruckt und damit festgehalten, was gewählt wurde und wo die Verbindung abgebrochen wurde. Unbeholfene Teilnehmer können dadurch ermittelt und angewiesen werden.

Der UWG ist also Ersatz für den Zeitzonenzähler und Richtungswähler zugleich und durch die Vereinigung dieser Aufgaben rechtfertigt sich sein Aufwand, der nicht größer sein wird als der im heutigen Zeitzonenzähler, trotz der Erweiterung des Verkehrsgebietes. Die Zusammenfassung der Gebührenerfassung im Knotenamt vereinfacht die Endämter und verbilligt die Uhrenanlage und die Einrichtung für die Gebührenermittlung.

Abb. 18 zeigt sinngemäß den Wählerübersichtsplan des Hauptamtes, der in einen Ortsteil, einen Netzgruppenteil und die Schnellverkehrseinrichtung zerfällt. An das Hauptamt angeschlossen sind unmittelbar im Umkreis liegende Endämter und die Knotenämter der Netzgruppe, deren Leitungen teils gerichtet, teils doppelgerichtet ankommen und abgehen. Die rechte Seite des Planes zeigt sinngemäß die zu den Hauptämtern des Netzgruppenverbandes abgehenden Vierdrahtleitungen sowie die zum Zentralamt abgehenden Vierdrahtleitungen, wobei die Möglichkeit besteht, daß ein Hauptamt auch an mehrere Zentralämter angeschlossen werden kann. Wenn z. B. ein Hauptamt wie Ingolstadt zwischen dem Zentralamt Nürnberg und München gelegen ist, ergibt sich die kürzeste Leitungsführung bald über das eine, bald über das andere. Die Speicherung im UWD gibt die Möglichkeit, den günstigsten Weg zu wählen. Die aus den Knotenämtern ankommenden Leitungen führen zur Speichereinrichtung des UWD. Für die aus dem Hauptamt und den direkt angeschlossenen Endämtern ankommenden Leitungen ist bei Wahl von Ziffer 0 ein UWG vorgesehen, wie er im Knotenamt liegt, und hinter diesem kann der UWD folgen, oder man wird zur Zusammenfassung der Speichereinrichtungen, um Doppelaufwand zu vermeiden, beide Organe in einem Speicher vereinigen, der im Plan als UWGD bezeichnet ist.

Wenn eine aus dem Knotenamt ankommende vollautomatische Verbindung nach Wahl der Ziffer 0 auf den UWD aufläuft, nimmt dieser zunächst die Kennzahl des Zentralamtes entgegen, die der ersten Stelle der Kennzahl hinter 0 entspricht. Wenn es sich dabei um die Kennzahl eines fremden Zentralamtes handelt, wird sofort über rückwärtsgerichtete Suchwahl die Zentralamtsleitung angeschaltet und zum weiteren Verbindungsaufbau über diese dann die folgenden Ziffern weitergegeben. War die Ziffer des eigenen Zentralamtes gewählt, so ist die Speicherung der nächsten Ziffer abzuwarten, ehe die Leitung zum Zentralamt belegt wird, da es sich in der überwiegenden Mehrzahl der Fälle um einen Überbrückungsfall handeln wird. Führt die Verbindung wieder in die eigene Netzgruppe, so wird über einen Suchwähler unmittelbar der ÄGW angereizt, und es ist durch die Verwendung des Speichers die Stufe des ZGW und NGW gespart. Handelt es sich um eine Verbindung im Netzgruppenverband, so kann über eine Kette der Suchwähler der gewünschten Netzgruppe ebenfalls unmittelbar auf den Umsteuerwähler eingestellt werden und es wird auch hiebei der ZGW und NGW gespart. Hiebei ist es nun möglich, den Suchwähler hinter dem UWD mit einer Überbrückungskontaktbank auszurüsten, so daß er nach vollzogenem Verbindungsaufbau mit einer Kreislaufprüfung den UWD umgeht und direkt den ankommenden Weg sucht, so daß der UWD ausgeschaltet werden kann. Dies setzt allerdings voraus, daß ein Freiwahlglied in Form eines Mischwählers vor dem UWD liegt. Auch parallel zum Verbindungsweg kann der UWD angeschaltet werden.

Im Falle einer halbautomatischen Verbindung wird im UWD die zweite Null gespeichert und dadurch ein Fernplatzwähler FW vieradrig angeschaltet. Der Teilnehmer erhält Freizeichen, bis die Beamtin eintritt und kann ihr dann Ort und Rufnummer des gewünschten Teilnehmers mitteilen, worauf die Schnellverkehrsbeamtin auf einer Zehnertastatur diese Kennzahl und gerufene Nummer mit etwa 4 bis 5 Anschlägen pro Sekunde in einen mechanischen Speicher eintastet. Die Stromstöße gehen in den UWD, der sie einerseits in Verbindungsrichtung zum Aufbau der gewünschten Verbindung ausnützt, andererseits über die ankommende Leitung an den UWG des Knotenamtes rückwärts überträgt, zur Feststellung der Gebühr und zur allenfallsigen Überbrückung im Knotenamt. Wenn der gerufene Teilnehmer frei befunden wird, wird der Fernplatz sofort abgeschaltet und von diesem Augenblick ab ist die Verbindung eine vollautomatische. Wenn die Verbindung besetzt gefunden wird und als normale Schnellverkehrsverbindung angemeldet wird, erfolgt Rückauslösung wie bei Selbstwahl. Hat der Teilnehmer dagegen mit „Aufschaltung" angemeldet, so wird gegen eine erhöhte Gebühr von der Schnellverkehrsbeamtin die Aufschaltung vollzogen. Sie hat dann durch eine Schlüsselstellung über die vierte Ader die Rückauslösung verhindert, gibt das Aufschaltezeichen und veranlaßt den gerufenen Teilnehmer einzuhängen. Wenn die Verbindung hergestellt ist, kann sie auch dann wieder aus der Verbindung ausscheiden.

Der UWGD ist, wie durch Pfeile angedeutet:
1. mit dem Zonenumrechner, 2. mit dem Zetteldrucker, 3. mit dem Gebührenermittlungsgerät, als für das ganze Amt gemeinsamen Organen zusammenzuschalten, wie dies beim Beispiel des Knotenamtes beschrieben wurde. Der Zetteldrucker erreicht über Sammelschiene den gemeinsamen Datumgeber, das Gebührenermittlungsgerät das einmal vorgesehene Gebührenansagegerät GAG.

Abb. 19 zeigt sinngemäß den Wählerübersichtsplan des Zentralamtes. Auch hier haben wir wieder die Unterteilung in einen Ortsteil, einen Netzgruppenteil, da das Zentralamt zugleich Hauptamt ist, und den eigentlichen Zentralamtsteil mit dem Umsteuerwähler für Schnellverkehr UWS, der der Zielwahl dient. Ferner ist ein Fernamt, ähnlich dem beschriebenen vorgesehen, welches allerdings außer den Schnellverkehrsplätzen auch Wartezeitplätze für Rückruffernverkehr enthält. Die aus den Hauptämtern des Zubringerbereiches ankommenden Leitungen liegen direkt oder über Mischwähler am Umsteuerungswähler UWS und von diesem aus führen zumeist über rückwärts gerichtete Suchwahl die Verbindungen in die Bestimmungszentralämter, wobei wiederum der ZGW gespart wird, wenn die Anlaßkette nach Richtungen aufgeteilt wird. Handelt es sich im Zuge der Zielwahl um einen Umgehungsweg, so wird eines der Durchgangszentralämter angesteuert und in diesem mit Hilfe eines Umsteuerungswählers oder durch Wahl von elf Impulsen wiederum der Zugang zu einem Zentralamts-GW vermittelt. Eine Schaltung dieser Art wäre also an die unterste, rechts dargestellte ankommende Leitung aus dem Durchgangszentralamt anzufügen.. Die Möglichkeit durch Überbrückung nach vollzogenem Verbindungsaufbau den UWS auszuschalten, besteht auch in dieser Verkehrsstufe. Der aus den Nachbarzentralämtern ankommende Verkehr führt zu einem Netzgruppenwähler, der bei den Wechselverkehrsleitungen als Doppelbetriebswähler ausgeführt sein kann, wenn er noch Dekaden frei hat. Der Netzgruppenteil des Zentralamtes ist gleich dem des Hauptamtes geschaltet.

Es ist auch vorgeschlagen und erwogen worden, den Zetteldrucker nur im Hauptamt einzusetzen und im Knotenamtsbereich ähnlich wie bei den Querverbindungen Endamt—Endamt nur Mehrfachzählung anzuwenden. Diese Ausführungsform würde gewiß die Zahl der Zetteldrucker vermindern und diese auf das Hauptamt konzentrieren. Andererseits ergeben sich dagegen auch einige Bedenken:

1. Die Einheitlichkeit der Gebührenerfassung wird damit weitgehend durchbrochen, da dann 30 bis 40% des Verkehrs Mehrfachzählung, der Rest Zetteldruckerzählung erhalten würden.

2. Die Einrichtungen für die Gebührenerfassung würden bei den über das Hauptamt laufenden Verbindungen in Reihe zueinander doppelt aufzuwenden sein, ein immerhin ziemlich komplizierter Zeitzonenzähler im Knotenamt und zusätzlich der Gebührenspeicher für Zetteldruckerbetrieb im Hauptamt. Die Einrichtungen zur Erfassung der rufenden Nummer und zu deren Übertragung in den Zetteldrucker müßten doch für alle Teilnehmer vorgesehen werden und ebenso die Einrichtungen zur Gebührenansage.

3. Für Nachbarbeziehungen zweier Knotenamtsbereiche würde, soweit die Verbindungen über das Hauptamt laufen, bei sonst gleicher Entfernung, doch willkürlich die Zetteldruckerzählung zur Anwendung kommen.

4. Die Zonenerfassung wird um so schwieriger, je weiter das Gebührenerfassungsgerät vom Ausgangs-amt entfernt liegt. Dann muß festgestellt werden, woher die Verbindung kommt und wohin sie geht und beide Entfernungen müssen zueinander zur Ermittlung der gesamten Luftlinienent-fernung in Beziehung gesetzt werden. Diese letztere Form kann nur in tragbarer Weise verein-facht werden, wenn der ganze Knotenamtsbereich auch abgehend einheitlich verzont wird und das Gebührenermittlungsgerät individuell in der ankommenden Knotenamtsrichtung liegt. Die erstere Forderung geht aber über die Vereinfachungsvorschläge des künftigen Tarifes hinaus, soweit es sich um Nahverkehrsbeziehungen im 25-km-Kreis handelt.

5. Die mit dem Zetteldruckerbetrieb geplante Verkehrsüberwachung würde dadurch eingeschränkt und erschwert. Wollte man sie in der geplanten Form im Hauptamt durchführen, so müssen mangels einer Richtungsausscheidung eine zu große Zahl von nicht zählpflichtigen Gesprächen auf den Zetteldrucker geleitet werden.

Aus all diesen Gründen erscheint doch die Zuordnung des Zetteldruckers in das Knotenamt als die im Rahmen des gesamten Systems günstigere Lösung und kann, da die Knotenämter immerhin bedeutende Verkehrssammelpunkte bilden, auch betriebstechnisch vertreten werden.

Mit Hilfe dieser Wählerstufen, Speicher- und Übertragungseinrichtungen dürfte sich ein opti-maler Wählbetrieb auf dem Landesnetz verwirklichen lassen. Dabei ist keines der Elemente grund-sätzlich neu und alle sind mit vorhandenen konstruktiven Elementen ausführbar.

Schaltungsvorschläge für das neue Fernwählsystem

Die bisher bestehenden Schaltsysteme für Fernwahlanlagen sind in ihrem Ortsteil durch die historische Entwicklung bestimmt. Es gehörte zu den schwierigsten Aufgaben der Schaltungs-technik, noch betriebsfähige, ältere Ortsnetze in ein Fernwahlnetz einzugliedern. In dem Augenblick, wo selbstgewählte Verbindungen über ein ganzes Landesnetz hinweg hergestellt werden können, gewinnen die Forderungen der Fernwahl ein so erhebliches Gewicht, daß man in der Durchbildung der Stromkreise für die Ortsautomatik billigermaßen darauf Rücksicht nehmen muß. Der Ver-fasser hatte in den Jahren 1936 bis 1945 Gelegenheit, zusammen mit der Fernautomatikabteilung der Firma Telephonbau und Normalzeit GmbH., Frankfurt/Main, einen schaltungstechnischen Aufbau für ein neu zu schaffendes Fernwählsystem durchzubilden, der sich im Laboratoriumsbetrieb ausge-zeichnet bewährt hat, aber dann bei Bombenangriffen zerstört wurde. Dabei war der Grundge-danke verfolgt, die Stromkreise des Ortsverkehrs, welche die leichteren Bedingungen zu erfüllen haben, grundsätzlich den Bedürfnissen der Fernwahl anzupassen und darin mit der historischen Entwicklung zu brechen.

Die Herstellung einer Verbindung über Wähler ist ein Telegraphievorgang, der in dem Augen-blick, wo der gerufene Teilnehmer aushängt, durch einen fernsprechtechnischen Vorgang abgelöst wird. Offenbar ist jenes System am besten ausgebildet, bei dem die beiden Zustände, der Einstell-zustand bei der Verbindungsherstellung und der Sprechzustand nach dem Aushängen des gerufenen Teilnehmers grundsätzlich sauber getrennt sind. Bekanntlich erfordert die Impulsgabe die Aus-schaltung impulsentstellender Zusätze, die für das Ferngespräch erforderlich sind, und umgekehrt der Sprechzustand die Beseitigung jener Schaltelemente, die zwar zur Verbindungsherstellung gebraucht werden, im Gespräch aber dämpfend und störend für die Symmetrie wirken würden. Je weiter die Verstärkertechnik entwickelt wird und je mehr die Fernsprechtechnik auf künstliche Kanäle der Trägerfrequenz- und Tonfrequenztechnik zurückgreifen muß, desto bedeutsamer wird diese Forderung.

Es liegt zunächst nahe, die Verbindungsherstellung auf einen Nebenweg, einen sog. Bypath, zu verlegen und im Augenblick des Gesprächsbeginnes diesen abzustoßen. Wenn dabei teure und hochwertige Einrichtungen, die nur sekundenweise gebraucht werden, für die Gesprächsdauer frei werden, kann dies trotz der damit verbundenen Komplikation außerordentlich wertvoll sein. Nun sind aber mit dem Aushängen des gerufenen Teilnehmers die Schaltvorgänge noch nicht beendet. Es verbleiben Aufschaltung, Aushänge- und Einhängemeldung und Verbindungsauslösung als Schalt-vorgang auch dann erhalten, wenn der Nebenweg bereits abgebrochen ist, und so gelingt dadurch die vollkommene Trennung in Einstell- und Sprechvorgänge noch nicht, vielmehr muß auch der verbleibende Sprechweg noch Schaltmittel für die Übertragung dieser Signale bereithalten. Zudem kann die Trennung in Einstell und Sprechweg bei der Hochwertigkeit der Übertragungswege wirt-schaftlich sehr ins Gewicht fallen, da ja neben dem bereitzustellenden Sprechweg der Einstellweg zusätzlich erforderlich ist, und weiterhin ergibt sich daraus das Zusammenwirken komplizierter Schaltteile und Wege von ganz verschiedenartiger Technik. Fällt ein Einstellweg, der zur Herstellung von 10 bis 20 Sprechwegen an sich ausreichend ist, durch Störung aus, so ist der Einfluß besonders dann sehr fühlbar, wenn es sich um Leitungsbündel geringerer Größe handelt, wie dies in Deutschland vielfach der Fall ist.

Deshalb erscheint es aussichtsreich, ein Schaltsystem zu schaffen, welches grundsätzlich auf ein und demselben Weg Einstellung und Gesprächabwicklung gestattet und doch zwischen beiden Zuständen eine volkommene Trennung vornimmt. Dann ist offenbar die Möglichkeit gegeben, auch jene Signalvorgänge, welche nach dem Aushängen des gerufenen Teilnehmers übertragen werden müssen, nach den gleichen Gesichtspunkten zu behandeln und, wenn im Verbindungsaufbau eine Störung eingetreten ist, ist es wesentlich leichter, die Störung festzustellen, als wenn die fehlerhaften Organe im Nebenweg abgeschaltet wurden.

Die bisherigen deutschen Schaltsysteme verwandten zur Abschaltung störender Zusätze im Verbindungsaufbau den sog. Steuervorgang, in dem durch die Stromstoßreihe ein Verzögerungsrelais betätigt wurde, welches allerdings erst während des ersten Stromstoßes diese Abschaltung vollzog. Dieses Vorgehen war geboten, da zum Zwecke der Übertragung von Frei- und Besetztsignalen in jedem Augenblick ein Sprechweg bereitstehen mußte.

In dem zu beschreibenden neuen Schaltbild ist nun in den Speisepunkten des Ortsteiles und in sämtlichen abgehenden und ankommenden Übertragern statt des diese Unterbrecherkontakte öffnenden Steuerrelais ein Gesprächsrelais G vorgesehen, welches immer dann erregt wird, wenn beide Teilnehmer ausgehängt haben, und immer dann abgeschaltet wird, wenn einer der Teilnehmer einhängt. Durch diese G-Relais gelingt es, in den bezeichneten Organen einwandfrei Einstell- und Sprechvorgänge zu trennen. Der Drehpunkt von Umschaltekontakten dieses G-Relais liegt am Leitungseingang, an der Ruheseite der Umschaltekontakte liegen die Einstellorgane, während über die Arbeitsseite der Sprechweg hergestellt wird. Durch dieses G-Relais lassen sich in mit Verstärkern ausgerüsteten Leitungen Verlängerungen ein- und ausschalten, Verstärker zünden und löschen und für die Tonfrequenzwahl besonders günstige Impulsübertragungsstromkreise schaffen. Aufgabe der lokalen Schaltmittel in den Übertragungseinrichtungen ist es, die Erregung und Aberregung dieses G-Relais in Abhängigkeit von dem Einhängen und Aushängen zu bewirken.

Da nun an diesen g-Kontakten die Sprechleitung grundsätzlich offen ist, bis der gerufene Teilnehmer ausgehängt hat, ist jede Beeinflussung des Tonfrequenzempfängers durch die Sprache vermieden, wie sie etwa zum Zwecke der Zählverhinderung vom rufenden Teilnehmer versucht werden könnte, und so vereinfachen sich, wie wir sehen werden, die Tonfrequenzwähleinrichtungen um jene Schutzschaltungen, welche den Spracheinfluß von den Empfängern fernhalten mußten. Andererseits verhindert dieses Öffnen der Sprechleitung die Entgegennahme der Frei- und Besetztsignale. Vielmehr müssen diese Signale an den Verbindungsanfang gelegt und durch die gleichen Rückimpulse gesteuert werden, welche Aus- und Einhängen am G-Relais kennzeichnen.

Die Entgegennahme der Signale „Frei" und „Besetzt" in einem weit ausgedehnten Landesnetz ist von ungeheurer Wichtigkeit für die richtige Verkehrsabwicklung, ist dadurch andererseits außerordentlich erschwert, daß die Signale in den tausenden erreichbaren Ämtern verschieden laut, verschiedenartig, verschieden gedämpft und mit Geräuschbeimengungen übertragen werden, so daß es für die Benützer wirklich nicht leicht ist, sich in dieser Signalgabe zurechtzufinden. Es brauchen dabei nicht so tief einschneidende Unterschiede zu bestehen, wie sie z. B. heute im Gebiet von Frankfurt/Main einerseits, im bayerischen Gebiet andererseits bestehen, wo Amtszeichen, Frei- und Besetztzeichen geradezu vertauscht sind. Wünschenswert ist es, daß der rufende Teilnehmer, wohin er auch seine Verbindung aufbaut, immer die gleichen Signale aus seinem eigenen Amt, laut, klar und einheitlich hört und dadurch zu keinen Irrtümern veranlaßt wird, die letzten Endes Leitungsblindbelegungen und Fehlverbindungen kosten. Die Vorverlegung der Signale in den I. GW, in den Stromkreis, aus dem auch das Amtszeichen gegeben wird, liegt schaltungstechnisch nahe und ist daher in diesem Systemvorschlag grundsätzlich durchgeführt. In bestehenden Ämtern genügt eine Vorverlegung in den abgehenden Wechselstromübertrager, welche mit dem Mittel der erweiterten Regelkriterien erzielt werden kann.

Für den Besetzt- und Durchdrehfall bestand in vielen Ortswählsystemen bereits eine Rückauslösung, die dort freilich weniger Gewicht hatte als in der Fernautomatik. Je weiter die Verbindungen gewählt werden können, je teurer und hochwertiger die Leitungswege werden, desto mehr muß danach getrachtet werden, jede Blindbelegung zu vermeiden. Die Rückauslösung bietet hier ein wertvolles Hilfsmittel und so ist in dem vorgeschlagenen Schaltsystem in jedem Falle vergeblichen Verbindungsaufbaues, also beim Durchdrehen der Gruppenwähler, bei Besetztanruf des gewünschten Teilnehmers und schließlich auch mit geringer Zeitverzögerung nach dem Einhängen des gerufenen Teilnehmers die Rückauslösung vorgesehen, welche die Verbindung möglichst bis zu einem für den Teilnehmer individuellen Anruforgan im Vorwähler oder vor dem Anrufsucher auslöst, so daß der Teilnehmer aus diesem Fangstromkreis das Besetztzeichen erhält. Die meisten Teilnehmer wählen, ohne den Hörer ans Ohr zu nehmen, auch heute noch, wo durch die Überlastung der Netze ein außerordentlich hoher Prozentsatz von Besetztfällen in Kauf genommen werden muß. Oft dreht nach Wahl von Null oder der zweiten oder dritten Ziffer bereits ein Wähler durch und gibt Besetztzeichen. Der Teilnehmer aber wählt seine gewünschte Nummer zu Ende und nimmt erst dann den Hörer ans

Ohr. Bekommt er immer wieder besetzt und ist dieses Besetztzeichen infolge der Amtsüberlastung vielleicht schwach hörbar, so ist er im Zweifel und wartet, ohne die Verbindung wieder aufzulösen, ob sich der gewünschte Teilnehmer nicht doch noch meldet. So wird nach neuesten Messungen auf Vorortswählleitungen ein Anteil von 10 und mehr Prozent der gesamten Nutzungszeit festgestellt, in der lediglich das Besetztzeichen auf den Leitungen liegt. Daß ältere Gruppenwähler durchdrehen, ohne Besetztzeichen zu geben und daß gerade die Verbindungsleitungsstränge der zerstörten Ortsnetze heute zu vielen Durchdrehfällen führen, erschwert diese Verhältnisse, ohne daß schon in kürzerer Zeit eine Besserung erhofft werden darf. Hier bedeutet also die Signalvorverlegung mit Rückauslösung die Möglichkeit einer fühlbaren Steigerung in der Ausnützung der Übertragungswege, die praktisch ohne schaltungstechnischen Mehraufwand erkauft werden kann, ja außer den Übertragungswegen auch Wählerstufen in großem Ausmaß erspart. Die sofortige Freigabe der Wege kommt dem übrigen Verkehr zugute und bewirkt eine Verkehrsverbesserung, wie sie sonst nur durch eine Neuverlegung von Leitungen und Schaffung von weiteren Trägerfrequenzkanälen erzielt werden könnte.

Im grundsätzlichen Aufbau des Schaltsystems wurde nun auf die Tatsache Rücksicht genommen, daß überall beim Verlassen des Ortsnetzes eine induktiv übertragene Impulsgabe einzusetzen ist. Dies bedeutet bekanntlich eine örtliche Einschnürung der Übertragungswege etwa im Verhältnis 6 : 1, da statt a-, b- und c-Ader mit wechselnder Stromrichtung plus und minus nur mehr Wechselstromimpulsgabe über Schleife möglich ist. „Eine Kette ist so stark wie ihr schwächstes Glied", und in der Kette der Übertragungsvorgänge ist diese Einschnürungsstelle das bestimmende Glied für die Güte des Fernwahlsystems. Eine Verbindung im Landesnetz, welche im Durchgang über 3, 4 und mehr Ämter läuft, erfährt ebensooft diese Einschnürung und Ausweitung und so ist es dringend geboten, auf diese schaltungstechnische Umsetzungsstelle Rücksicht zu nehmen und die Verteilung der Signalkreise im Gleichstromweg so auszubilden, daß sie sich in einfachster Weise über die Leitungsschleife induktiv übertragen lassen.

Die im c-Ast erfolgende Belegung wird in eine vorweggenommene Belegung durch Impulsgabe und eine Auslösung durch einen Impuls längerer Dauer umgesetzt. Alle in Verbindungsrichtung zu übertragenden Vorgänge werden mit Erde gesendet und über ein an Spannung liegendes Relais empfangen, und zwar grundsätzlich über die a-Leitung des Gleichstromweges. Sinngemäß wird über die b-Leitung mit Erde gesendet und mit Spannung empfangen, und zwar alle vom Verbindungsende zu gebenden Rückmeldungen. Sender und Empfänger liegen im Übertrager an der Ruheseite der g-Kontakte und werden mit Gesprächsbeginn weggeschaltet. Alle Schaltungsmaßnahmen zum Wechsel des Potentials und der Übertragungsrichtung, sowie zur Vertauschung der Adern für die Überbrückungsvorgänge sind vermieden und gestalten dadurch die Stromkreise wesentlich einfacher. Es entsteht gewissermaßen ein schaltungstechnischer Vierpol für die Gleichstrom-Wechselstromumsetzung.

Die Induktivwahl muß bekanntlich auf Dauervorgänge verzichten und alle Übertragungsvorgänge in Impulsform auflösen. Es läßt sich zeigen, daß die Ortsstromkreise in keiner Weise verteuert oder verschlechtert werden müssen, wenn man die zu übertragenden Signale, insbesondere die Rücksignale zum Zeitzonenzähler und zur Gebührenerfassungseinrichtung gleich mit Erde über den b-Ast in entsprechender Pulsform sendet, daß sie mit gleicher Zeitdauer in Wechselstromimpulse umgesetzt werden können. Zerhackungs- und Zusammensetzungseinrichtungen fallen damit in den Übertragern weg. In der Technik der Wechselstromübertragungseinrichtungen wurde zur Ausscheidung von Belegungs-, Übertragungs- und Auslösevorgängen die sog. EC-Schaltung entwickelt (wie sie in Abb. 14 unten dargestellt ist), welche durch einen kurzen Impuls angeschaltet, durch einen langen Impuls wieder ausgelöst wird. Wenn beide Impulse zusammenwachsen, tritt ebenfalls die Auslösung ein, und es ist im Gegensatz zu den mit gleicher Impulsdauer arbeitenden Viertaktschaltungen ein Außertrittfallen vermieden. Diese Grundschaltung ist in Verbindungsrichtung in nahezu allen Fernwahlsystemen zur Anwendung gelangt, im Inland sowie im Ausland, und gehört zu den sichersten Elementen des Verbindungsaufbaues.

Deshalb wird vorgeschlagen, sie auch sinngemäß für die vom Leitungswähler und von den Zwischenstufen aus zu gebenden Rückmeldungen zu verwenden. Damit ergibt sich die folgende Aufstellung der Übertragungsimpulse:

In Verbindungsrichtung:
Kurzer Impuls (60 ms) Belegung und Einstellung, ausgeschieden durch die Aufeinanderfolge der Vorgänge.
Langer Impuls (mehr als 120 ms) Auslösung der Verbindung.
Sinngemäß für die Rückmeldungen:
Kurzer Impuls nach der Wahl bei der Freiprüfung, Anschaltung des Freizeichens im I. GW.
Langer Rückimpuls, der auch als Dauerimpuls gegeben werden kann, um die GW-Schaltung zu vereinfachen, Besetztrückmeldung mit der Folge der Rückauslösung, außer bei Aufschaltungsverbindungen, Durchdrehen eines GWs.

Unterbleibt die Auslösung, so ergibt sich damit ein kostenloses Fernkriterium, d. h. die Verbindung ist als vom Fernplatz ausgehend gekennzeichnet und stellt den Aufschaltestromkreis bereit. Die Aufschaltung kann, wenn gewollt, im LW mit Zeitverzögerung selbsttätig gegeben werden oder durch Aufschaltungsimpulse des Fernplatzes.

Weiterhin bedeutet:

Kurzer Rückimpuls: Einhängen des gerufenen Teilnehmers.

Langer Rückimpuls: Aushängen des gerufenen Teilnehmers.

Ferner nach vollzogener Auslösung:

Kurzer Impuls: Einleitung der Sperrung.

Langer Impuls: Aufhebung der Sperrung.

In allen Wechselstromübertragern spielt eine EC-Schaltung in stets gleicher Phase und steuert die Ein- und Ausschaltung des G-Relais, während die Stromstöße lediglich mit gleicher Zeitdauer über den b-Ast der Gleichstromwege zurückgegeben werden.

Nach dem Schaltungsvorschlag werden nun diese Stromstöße unmittelbar vom LW aus gegeben und in der Ortsverbindung vom I. GW entgegengenommen. In der halbautomatischen Verbindung werden sie erstmals vom Schnellverkehrsplatz gegeben und ein zweites Mal vom Leitungswähler aus. Der Leitungswähler kann mit einem Aufwand von sieben Relais als hochwertiger Ortsfernleitungswähler ausgebildet werden, ohne Steuerschalter und genügt allen Forderungen hinsichtlich Symmetrie und Sicherheit der Zeichengabe.

Ist ausnahmsweise ein nicht zählpflichtiges Gespräch im Fernwählverkehr herzustellen, so sorgt der betreffende Anschluß durch kurze Unterbrechung des b-Astes, daß der LW zunächst einen kurzen Aushängeimpuls gibt, dann anschließend einen langen Aushängeimpuls, welcher erst das G-Relais in Sprechstellung schaltet. Der kurze Impuls unterdrückt die Zählung.

Abb. 20 zeigt zwei Wechselstromübertrager, die nach diesem Grundsatz aufgebaut sind. Links den abgehenden, rechts den ankommenden Übertrager, wobei Wahl mit 150 Perioden vorausgesetzt ist.

Die Belegung erfolgt durch Aufprüfen im c-Ast über eine Reihe von Sperrkontakten und eine Sperrtaste und das Belegrelais C spricht an. Ein Belegimpuls wird nicht auf die ankommende Seite gegeben. In der a- und b-Leitung sehen wir die Umschaltekontakte des G-Relais, g2 und g6 und über ihre Ruheseite das Empfangsrelais A an der a-Leitung und die Senderkontakte für die Rückmeldungen an der b-Leitung liegen. Diegleichen Kontakte g2 und g6 finden wir in den Sprechästen des ankommenden Übertragers und auch hier an deren Ruheseite die Senderkontakte an der a-Leitung liegen. Die Arbeitsseite der g-Kontakte schaltet die Sprechäste durch zu dem Ringübertrager, welcher mit einem 4- oder 8uF-Kondensator halbiert ist und abgehend beiderseits Frittspannung anschaltet.

Die vom Teilnehmer gewählten Stromstöße werden durch das A-Relais aufgenommen und mit a2- und a4-Kontakt mit 150-periodigem Wechselstrom mit etwa 8 bis 10 Volt Spannung auf die Verbindungsleitung VL gegeben, so daß sie auf der ankommenden Seite das hochempfindliche Relais J zum Ansprechen bringen. Auf der abgehenden Seite wird durch a5-Kontakt das Verzögerungsrelais T erregt und durch dessen Kontakt t2 das stark abfallverzögerte Relais E, welches einen Elektrolyth-Kondensator im Nebenschluß besitzt. Dieses E-Relais bereitet den Auslösestromstoß vor. Kontakt t5 bringt das Relais P zum Ansprechen.

Im ankommenden Übertrager werden die eingehenden Stromstöße durch i-Kontakt auf das Hilfsrelais H gegeben und durch dessen Kontakt h6 wird der abgehende c-Ast belegt und mit h5 zugleich der Stromstoß über die a-Leitung weitergegeben. Kontakt h1 belegt die erwähnte EC-Schaltung, wobei zunächst das C-Relais anspricht und etwas verzögert das E-Relais, welches durch c4-Kontakt freigegeben wurde. Umschaltekontakt e1 schaltet den Kontakt h1 sofort auf Kurzschluß um, so daß ein mit dem Belegimpuls zusammenwachsender Auslöseimpuls sofort wieder die Freigabe bewirken kann. Durch h2-Kontakt wird das Relais P erregt und nach Ansprechen des E-Relais über den e4-Kontakt das Relais T, welches ebenfalls stark verzögert abfällt. Es erleichtert das Verständnis der Schaltung, daß in beiden Übertragern jeweils gleichbenannte Relais in gleicher Phase und angenähert gleicher Schaltung wirksam werden. Die beiden Relais P sind eine Ersatzschaltung für die EC-Schaltung und wirken wie folgt: Einmal erregt, hält sich das P-Relais mit seinem Arbeitskontakt über einen Ruhekontakt des Rückmelderelais. Am Drehpunkt dieses Kontaktes h6 bzw. s6 liegt ein Elektrolyth-Kondensator und dieser bewirkt, daß kurzzeitiges Umschalten des Kontaktes h6 bzw. s6 das P-Relais zum Ansprechen bringt, längeres Ansprechen dagegen wieder abwirft, genau wie bei der EC-Schaltung. Dadurch ist das P-Relais in der Lage, die Rückmeldungen auszuscheiden, wie dies in der Folge gezeigt wird.

Wenn die Verbindung erfolgreich aufgebaut wird, gibt der LW einen kurzen Erdimpuls auf die b-Leitung und dieser gelangt über t6- und c1-Kontakt in das S-Relais. s2- und s3-Kontakt geben ihn zeitgleich über die Leitung zurück. Kontakt s6 hält das P-Relais erregt, da er nur kurzzeitig umschaltet. Das gleiche geschieht, im abgehenden Übertrager, wo das J-Relais das H-Relais kurzzeitig erregt und Kontakt h5 wieder Erde an den b-Ast legt. Kontakt h6 schaltet kurzzeitig um, ohne P-Relais abzuwerfen. Auf Grund dieser Rückmeldung wird im I. GW das erste Freizeichen und dann das periodische Freizeichen angeschaltet.

Wenn der gerufene Teilnehmer aushängt, folgt ein längerer Erdimpuls auf die b-Leitung, den Relais S mit gleicher Dauer über die Leitung gibt, während Kontakt s6 das P-Relais abwirft. Im abgehenden Übertrager wird dieser lange Rückmeldestoß mit h5-Kontakt wieder in die b-Leitung gegeben, während h6-Kontakt das P-Relais abwirft. Der Abwurf des P-Relais bewirkt in beiden Übertragern die Anschaltung des G-Relais über p6 bzw. p4-Ruhekontakt. Die in der Leitung gelegenen Umschaltekontakte gehen in Arbeitslage, trennen die Sender- und Empfangselemente ab und schalten die Sprechleitung durch. Das Freizeichen wird im I. GW abgeschaltet und das Kennzeichen der Zählpflicht gespeichert.

Diese Rückmeldungen laufen auch bei Fernverbindungen durch den UWG. und dort wird die Zonenumrechnung eingeleitet und der Zeitschalter betätigt. Im Sprechzustand wird im ankommenden Übertrager durch einen Kontakt g3 eine Zweitwicklung des S-Relais parallel zum Kondensator in die Übertragermitte gelegt, um die Einhängemeldung entgegenzunehmen. Diese wird zur Vermeidung von Ableitungen über Schleife gegeben.

Wenn der gerufene Teilnehmer einhängt, spricht S-Relais kurzzeitig an, s4-Kontakt wirft das G-Relais ab, und der Rückmeldungsstromkreis im b-Ast wirkt wieder auf das daran anliegende S-Relais, s2- und s3-Kontakt senden den Stromstoß zurück. Im abgehenden Übertrager spricht J- und H-Relais an und h4-Kontakt wirft das G-Relais ab. Während h6-Kontakt ähnlich wie im ankommenden Übertrager s6-Kontakt erneut das P-Relais zum Ansprechen bringt. Die Übertrager sind damit wiederum im Einstellzustand.

Im Besetzt- und Durchdrehfall liegt lang dauernde Erde an der b-Leitung vom Leitungs- oder Gruppenwähler aus gegeben. S-Relais sendet einen langen Rückimpuls, welcher nicht nur das P-Relais, sondern auch das T-Relais abwirft und dann durch Umschaltung des t6-Kontaktes abgeschnitten wird. Im abgehenden Übertrager wird ebenfalls P- und T-Relais abgeworfen und durch h5-Kontakt sowie t4-Kontakt langdauernde Erde an den b-Ast gelegt. G-Relais wird durch h5-Kontakt abgeworfen. Diese Rückmeldung wird bei Selbstwählverbindungen und normalen, von der Beamtin gewählten Verbindungen mit der Auslösung beantwortet. Handelt es sich dagegen um eine Aufschalteverbindung, so folgt ein Einzelstromstoß auf das A-Relais, welches diesen über die Leitung weitergibt. Die beiden T-Relais sprechen infolgedessen wieder an und die G-Relais werden eingeschaltet. Die Übertrager sind zur Aufschaltung in Sprechstellung gegangen. Sobald der aufgeforderte Teilnehmer einhängt, ergeht über den b-Ast der kurze Erdimpuls auf das S-Relais, wie vorhin beim Einhängen beschrieben, die P-Relais sprechen an und die G-Relais werden abgeworfen.

Die Auslösung der Verbindung erfolgt durch Öffnen des c-Astes und Abfallen des C-Relais. Über c2-Kontakt, Ruheseite, wird bis zum Abfall des starkverzögerten E-Relais durch e6-Kontakt, A-Relais mindestens 300 ms erregt und dabei P-Relais erregt gehalten oder neu erregt, wenn es abgefallen war und zugleich der lang dauernde Auslösestromstoß gegeben. Im ankommenden Übertrager wird C-Relais abgeworfen, E-Relais für die Dauer des Impulses hergehalten und damit auch das T-Relais hergehalten. Durch Öffnen des C-Astes löst die Verbindung aus, sobald der Auslöseimpuls beendet ist. Im abgehenden Übertrager hat P-Relais sich lokal gehalten und mit p2-Kontakt nach Abfallen des E-Relais die rückwärtige Sperrung aufrechterhalten.

Solange im ankommenden Übertrager der nachfolgende Gruppenwähler nicht zurückgestellt ist, legt dieser Erde an die b-Leitung im üblichen Rückmeldestromkreis und dadurch wird über t6-Kontakt-Ruheseite das E-Relais erregt gehalten. Durch e5-Kontakt ist Erde an den Elektrolyth-Kondensator geschaltet worden, welcher sich über das S-Relais und Spannung auflädt und, wenn nun nach Beendigung der rückwärtigen Sperrung Erde von der b-Leitung genommen wird, fällt das E-Relais ab, und über Ruheseite des e5-Kontaktes wird das S-Relais mit der zweiten Wicklung im Entladestromkreis des Elektrolyth-Kondensators 300 ms lang erregt und sendet einen Entsperrimpuls gleicher Dauer über die Leitung. Dieser wirft im abgehenden Übertrager das P-Relais ab und dadurch wird die Sperrung aufgehoben. Allein diese rückwärtige Sperrung mit kurzem Einleitungs- und langem Schlußimpuls erspart die Sperrung durch Dauerstrom, welche in unbedienten Zentralen das Laufen der Wechselstrommaschine bis zur Behebung der Störung und Aufhebung der Gespräche erforderlich macht. Wie ersichtlich, vermag dasselbe Relais P in beiden Übertragern gleichmäßig angewendet, Frei-Besetztausscheidung, Einhänge- und Aushängemeldung, Sperrung und Entsperrung auszuwerten. Im abgehenden Übertrager sind eine Reihe von Signalstromkreisen vorgesehen, ein h3-Kontakt zur Messung der Impulsgabe, ein si-Kontakt zur Alarmierung der Sicherung, ein Sperrsignal über c4- und p1-Kontakt, ein Belegstromkreis k mit Überwachungslampe zur Belegtregistrierung und zum Anlassen gemeinsamer Organe, ein Ausgang w zur Registrierung der Dauer des Verbindungsaufbaus, ein Ausgang g zur Messung der ausgenützten Sprechminuten, ein Ausgang *b* zur Kennzeichnung der Belegung ohne anschließende Wahl. Werden in diese Stromkreise zeitabhängige Zählwerke eingebaut, so ergibt sich damit eine genaue Betriebsstatistik.

Die Anordnung der g-Kontakte wirkt sich nun für die Tonfrequenzwahl, wie bereits erwähnt, insofern besonders vorteilhaft aus, als die besonderen Schutzstromkreise gegen gewollte Sprachbeeinflussung zwecks Zählverhinderung wegfallen können. Im Zuge des Verbindungsaufbaues über das Landesfernwählnetz werden Vierdrahtleitungen mit Tonfrequenzwahl bis zu viermal hintereinander geschaltet werden, z. B.

Hauptamt . . . . Rosenheim
Zentralamt . . . . München
Durchgangszentralamt . . . . Nürnberg
Zentralamt . . . . Hamburg
Hauptamt . . . . Lübeck

Jeweils wenn ein abgehender Übertrager eine Sendung gegeben hat, soll diese nur auf das Empfängerorgan des zugehörigen ankommenden Übertragers wirken. Wollte man die Einwirkung durch Wahl der Frequenz verhindern, so ergäbe sich eine viel hundertfache Vielfältigkeit, wenn man alle denkbaren Fälle berücksichtigen wollte. Durch die Anordnung der g-Kontakte ist jeder Leitungsabschnitt für sich selbständig gemacht und ein ungewolltes Durchgreifen eines Senders auf fremde Empfänger verhindert. Im Sprechzustand allerdings, wenn die g-Kontakte durchgeschaltet haben, kann jeder Sender auf alle Empfänger einwirken, aber in diesem Zustand handelt es sich nur um die Durchgabe eines einzigen und damit völlig eindeutigen Signales, nämlich um die Aufhebung des Sprechzustandes beim Einhängen des rufenden oder gerufenen Teilnehmers. Hier wird als einziger Schutz gegen Sprachbeeinflussung, die hier nur ungewollt auftreten könnte (im Gegensatz zur gewollten Beeinflussung zum Zwecke der Zählverhinderung), eine Abfallverzögerung des G-Relais im Gleichstromkreis vorgesehen. Diese Abfallverzögerung wird auf 2 bis 3 Sekunden festgelegt und beim Einhängen ein über 3 Sekunden dauernder Einhängeimpuls übertragen. Tritt dabei eine kurzzeitige Unterbrechung auf, so wird die Einhängemeldung nicht wirksam. Das hinter der Tonfrequenzwähleinrichtung im Empfänger liegende Relais J wird durch einen g-Kontakt anzugverzögert gemacht und als Wahlfrequenz wird 1500 oder 1600 Hz gewählt, die in der Sprache nur spärlich enthalten ist. Dann zeigt der praktische Betrieb, daß es selbst mit höchster Anspannung kaum gelingt, das J-Relais kräftig zum Anzug zu bringen, aber niemals so dauernd, daß die Zurückschaltung in den Einstellzustand erfolgt.

Aus diesen Feststellungen ergibt sich, daß die Tonfrequenzwahl, die in dem geplanten Netz in größtem Umfange angewendet werden muß und für die Gesamtkosten und die Betriebssicherheit ausschlaggebend sein wird, in einfachster Weise ausgebildet werden kann, nämlich mit einer einzigen Betriebsfrequenz von etwa 1600 Hz, mit einer verhältnismäßig einfachen Filtereinrichtung im Empfänger, welche mit einer Toleranz von $\pm$ 50 Hz diese Frequenz aussiebt, mit einer einzigen Empfängerröhre, in deren Annodenkreis ein gewöhnliches Gleichstromimpulsrelais liegen kann. Dabei ist der Annodenkreis zum Zwecke des Schwundausgleiches auf den Röhreneingang derart rückgekoppelt, daß bei schwachem Empfang eine kräftige Verstärkung, bei starkem Empfang nur eine schwache Verstärkung eintritt und die Impulsgabe bei den größten praktisch vorkommenden Pegelschwankungen völlig gleichförmig bleibt.

Dieses Element der Tonfrequenzwahl wurde bewußt möglichst einfach und billig gestaltet, da es bei tausendfacher Anwendung von größter Bedeutung für die Betriebsgüte des gesamten Netzes sein wird. Allein die Frage, ob in jedem Empfänger eine zweite Röhre brennen muß, würde für Strombedarf, Betriebskosten und Betriebssicherheit von ausschlaggebender Bedeutung sein. Jede in den Übertragungsstromkreis gelegte Schlüsselung, Frequenzmischung und dergleichen, muß zwangsläufig zur Herabsetzung der Sicherheit führen. Vor allem muß in der Prüfung auf Frequenzbeimengung, wie sie noch vielfach empfohlen wird, zweierlei bedacht werden:

1. Die durch die Frequenzbeimengung bewirkte Sperrung wird nur verzögert wirksam und kann bei empfindlich arbeitenden Impulskorrektionen zu ungewollter Impulsaufnahme führen.

2. Wenn in der Leitung irgendwelche Überhör- und Wählergeräusche auftreten, während ein Impulszug übertragen wird, erfolgt Sperrung und eine Verbindung landet z. B. statt in Hamburg in Köln, weil ein Impuls verschluckt wurde.

Demgegenüber muß die Aufteilung der Tonfrequenzwahlstrecken in jedem Durchgangsamt ungewollte Einwirkungen von anderen Stellen zwangsläufig auf ein Minimum herabdrücken und so dürfte gerade in dem wichtigen Element der Tonfrequenzwahl die Anwendung des G-Relais ihre vorteilhafteste Auswirkung haben. Daß dieses G-Relais auch dazu dienen kann, Verlängerungsleitungen aus- und einzuschalten, und zwar nur im Sprechzustand einzuschalten, Verstärker zu zünden oder für die Zwecke der Einstell- und Sprechvorgänge unterschiedlich zu schalten, wurde bereits erwähnt.

Ähnlich wie im Fernamt 36 die beiden Verbindungshälften hinsichtlich der Leitungsrestdämpfungen aufeinander prüfen, ist in diesen Tonfrequenzwechselstromübertragern ein Prüfstromkreis am b-Ast vorgesehen, welcher abhängig von dieser Restdämpfung die Ein- und Ausschaltung von Verlängerungsleitungen im Sprechzustand bewirkt.

Innerhalb der Netzgruppe können die Wechselstromübertrager, deren Schaltbild Abb. 20 wiedergibt, mit 50periodigem Wechselstrom, mit einer 150periodigen Wechselstrom- oder Gleichstrominduktionswahl betrieben werden. Wünschenswert ist die Erniedrigung von Spannung und Stromstärke, wie sie die 150periodige Wahl erlaubt, so daß man als Ziel die Forderung erheben kann: auf der Fernsprechleitung nur Sprechstromenergie. Die in der Netzgruppe vorkommenden Entfernungen können mit Sendespannungen unterhalb 10 Volt betrieben werden, wenn man hochempfindliche Empfangsrelais vorsieht. Hiefür wird sich vielleicht einmal die Verwendung von Quecksilberkontakten empfehlen.

Das Ziel der erwähnten Trennung in Einstell- und Sprechzustand, die Schaffung eines möglichst hochwertigen Sprechkreises, wird in der Durchbildung der örtlichen Wählereinrichtungen zur systematischen Verringerung der in der Sprechleitung liegenden Kontakte, insbesondere Ruhekontakte führen. Man wird frequenzabhängige Dämpfungen und dämpfende Ableitungen vermeiden und die Speisestromkreise so ausbilden, daß die Speisedrosseln geringste Dämpfung ergeben. Im I. GW erscheint es zweckmäßig, einen Ringübertrager anzuordnen, um die Leitung in einem dezentralisierten Ortsnetz wenigstens an einer Stelle galvanisch zu unterteilen. Durch die aus Gleichrichtern gespeisten Straßenbahnen und sonstigen geerdeten Teile des Starkstromnetzes können leicht Rückströme mit Wechselstromkomponente in die geerdeten Fernsprechkreise übertragen werden und hier Geräusche verursachen, die sich bei einmaliger Unterteilung vermeiden lassen. Bei Anwendung des G-Relais zur Scheidung von Einstell- und Sprechzustand können die Speisungsrelais auch in der Übertragermitte beiderseits des Halbierungskondensators angeordnet sein, wenn der Eisenkreis die Gleichstromsättigung verträgt. Ebenso ist die Frage noch zu prüfen, ob der I. GW für während der Verbindung zu gebende Rückmeldung nicht ein Rückmelderelais erhalten soll, welches den Halbierungskondensator der sekundären Ringübertragerwicklung überbrückt. Wenn Frei- und Besetztmeldung sowie Aus- und Einhängemeldung in dem Gruppenwähler entgegengenommen werden sollen, muß dieses Relais vorhanden sein. Es fragt sich also, inwieweit man es bei Ergänzung bestehender Ämter ebenfalls vorsehen will.

In den Jahren 1936 bis zu Kriegsende erfolgte, wie erwähnt, in engster Zusammenarbeit mit der Entwicklungsabteilung der Firma Telephonbau und Normalzeit der Aufbau eines Schaltsystems für Orts- und Fernverkehr innerhalb eines Landeswählnetzes und die in Frage kommenden Schaltorgane waren hier praktisch aufgebaut, wurden aber später zerstört. Dieses System enthielt Anrufsucher mit II. VW, mit Fangschaltung entweder im II. Vorwähler oder bei kleineren Ämtern im Anruforgan des rufenden Teilnehmers. Im I. GW war mit einem Aufwand von acht Relais Einfach- und Mehrfachzählung vorgesehen, ebenso Übertragung der rufenden Nummer für Zetteldruckerbetrieb und weiterhin war im Stromkreis des Amtszeichens auch die Freizeichengabe angeordnet. Dabei konnte bei Schnellverkehrsgesprächen über den Schrank nach Wahl von 00 ein erstes und ein periodisches Freizeichen gegeben werden, welches bei Melden der Beamtin verschwand, wenn Sprechzustand hergestellt wurde. Wenn die Beamtin dann die Verbindung weiterwählte, wurde das Freizeichen auf Grund der vom Leitungswähler gegebenen Rückmeldungen erneut angeschaltet und dann beim Aushängen des gerufenen Teilnehmers wiederum Sprechzustand hergestellt. Durch das G-Relais war zwischen Einstell- und Sprechzustand grundsätzlich unterschieden und ein Rückmelderelais, in der Sekundärwicklung des Übertragers gelegen, nahm die Meldungen für Frei, Besetzt, Aushängen und Einhängen entgegen.

Der II. GW entspricht in diesem Schaltungsaufbau dem im RP-System üblichen. Der Leitungswähler ist ohne Steuerschalter ausgeführt und der Ortsfernleitungswähler mit Aufschaltemöglichkeit. Er benötigt sieben Relais bei vollkommenster Symmetrie und sendet über die b-Leitung die Rückmeldungen in Impulsform, wie dies oben angegeben wurde. Diese Impulse wirken bei Ortsverbindungen auf das Rückmelderelais des I. GW unmittelbar zur Steuerung des G-Relais und der Zählung, während bei Fernverbindungen diese Stromstöße zunächst auf den UWG wirken, ähnlich wie sie heute im Zeitzonenzähler umgesetzt werden. Wenn der gerufene Teilnehmer eingehängt hat, ohne daß der rufende einhängt, so wird mit beträchtlicher Zeitverzögerung die Rückauslösung bewirkt.

Neben dem Fangstromkreis im Anruforgan des rufenden Teinehmers oder in der Vorwahlstufe ist in das System die Sendung der rufenden Nummer eingebaut. Über ein besonderes Haltekennzeichen im c-Ast oder Zählast wird nach Einhängen des rufenden Teilnehmers die ankommende a-Leitung durch einen mit dem Drehpunkt zum Amt gerichteten Umschaltekontakt zu einer gemeinsamen Sendeeinrichtung für die rufende Nummer durchgeschaltet. (Abb. 15.)

Ist dies im Anruforgan eines Anrufsuchersystems oder im I. Vorwähler vorgesehen, so wird das R-Relais während der Verbindung gehalten und am Ende der Verbindung beim Einhängen des rufenden Teilnehmers zwar das T-Relais gehalten, das R-Relais aber abgeworfen und über die Ruheseite des erwähnten Umschaltekontaktes dieses R-Relais wird die betreffende a-Leitung, die für den Teilnehmer individuell und eindeutig ist, bis zu einem bestimmten Verteilerkontakt durchgeschaltet, wo sie über einen Gestellverteiler zu einem Einerkontakt, einem Zehnerkontakt und einem Gruppenkennzeichnungskontakt durchverdrahtet wird. Diese Kontakte werden periodisch durch umlaufende Nockenwellen mit der Impulssenderscheibe verbunden, so daß in dauerndem Umlauf 10000er-, 1000er- und 100er-Nummern durch den Gruppenkennzeichnungskontakt, dann nach Betätigung einer anderen Phasennocke die Zehnernummer durch den Zehnerkontakt und zuletzt die Einernummer gesendet wird. Für jeden Teilnehmer sind dann drei Einzelkontaktfedern benötigt, also etwa der Aufwand eines Umschaltekontaktes.

Wenn bei größeren Ämtern dieser Sendestromkreis zwischen Anrufsucher und II. Vorwähler abgezweigt wird, kann über Kontaktarme des Anrufsuchers die Zehner- und Einerkennzeichnung vereinfacht werden, so daß die Ausgänge gleicher Zehner- und gleicher Einernummern nur eine Verdrahtung zum Sendekontakt erfordern. Der hundertteilige Anrufsucher hat dann 21 Ausgänge zu diesen Sendekontakten. Der Sendekontakt legt wie ein Langsamunterbrecherkontakt impulsweise Erde an und diese wirkt auf das A-Relais des I. GW, welcher sie genau so überträgt, wie wenn der Teilnehmer seine Nummer wählen würde. Dadurch sind besondere Wechselstromkennzeichnungskreise, Markierwähler und dergleichen vermieden und die Sendung der rufenden Nummer gliedert sich organisch als Gleichstromwählvorgang in den Ablauf der Verbindung ein. Vom I. GW aus gibt der normale Übertragungskontakt des A-Relais die Impulse weiter, z. B. im Endamt über die Wechselstromübertrager ins Knotenamt, wo sie durch den UWG laufend schließlich in den Zetteldrucker gelangen, der wie beschrieben am Verbindungsende angeschaltet wird.

Diese Sendung der rufenden Nummer hat bis heute die Einführung des Zetteldruckerbetriebes hintangehalten und man mußte ihn mit sehr komplizierten Schaltvorgängen den vorhandenen Systemen anfügen. Mit Rücksicht auf die großen Vorzüge der Zetteldruckerzählung wird vorgeschlagen, bei allen Ergänzungen von Vorwählern und Anrufsuchern diese Sendestromkreise und die entsprechende Übertragungsmöglichkeit im I. GW grundsätzlich mit vorzusehen, so daß sich in einigen Jahren der Weg zu immer weiterer Anwendung der Zetteldruckerzählung eröffnet.

Die Möglichkeit der Aufschaltung ist im Orts- und Fernwahlsystem vorgesehen. Eine über den Schnellverkehrsplatz aufgebaute Verbindung kann als gewöhnliche halbautomatische Schnellverkehrsverbindung behandelt werden, bei der die Beamtin nach Eintastung der letzten Ziffer aus der Verbindung ausscheidet und die Verbindung ausgelöst wird, wenn der gerufene Teilnehmer besetzt ist. Solange die über die Beamtin hergestellte Verbindung die gleiche Gebühr hat wie die selbstgewählte, besteht kein Anlaß, den Teilnehmer durch Aufschaltemöglichkeit für die Weigerung der Selbstwahl zu belohnen.

Andererseits kann es erwünscht sein, gegen eine besondere Gebühr etwa für dringende Gespräche die Aufschaltemöglichkeit trotz des Sofortverkehrs anzuwenden. Der Fernplatz überträgt dann über eine besondere Leitung in den UWG das Kennzeichen dafür, daß eine Fernverbindung vorliegt, welche Aufschaltung ermöglichen soll und, wenn der Leitungswähler im Besetztfall den langen Besetztrückimpuls sendet, unterbleibt unter Auswertung dieses Haltestromkreises die Rückauslösung. Diese Tatsache, daß trotz Besetztrückmeldung nicht ausgelöst wird, liefert ein kostenloses Fernkriterium für die ganze Verbindung und man könnte im LW die Aufschaltung selbsttätig in Abhängigkeit davon vollziehen. Man kann aber auch aus Gründen der zweckmäßigen Bedienung die Beamtin dazu veranlassen, mit dem Aufschaltekipper einen einzelnen Wählimpuls zu senden, welcher über das A-Relais des Leitungswählers die Aufschaltung bewirkt. Wir werden später feststellen, daß diese Möglichkeit nicht nur im neuen System gegeben ist, sondern auch zur Erfüllung der heutigen Forderungen auf Ansage- oder Aufschaltemöglichkeit mit den sog. erweiterten Regelkriterien in das vorhandene System eingefügt werden kann.

Der Aufbau dieses grundsätzlich auf die Forderung der Fernautomatik, insbesondere der induktiven Fernwahl abgestellten Systems hat, was besonders wichtig erscheint, gezeigt, daß es ohne Verschlechterung und Verteuerung der Ortswählkreise möglich ist, die Bedingungen für die Umsetzung in den Fernwahlübertragern wesentlich einfacher und sicherer zu gestalten. Damit tritt eine Loslösung von der historischen Entwicklung ein und der Schaltungsaufbau des gesamten Systems wird dem heutigen Stand der Erkenntnisse und Forderungen folgerichtig angepaßt.

Wählerelemente für den Betrieb des Landesnetzes

Neben der Forderung, die Zahl der Kontaktstellen im Zuge der Verbindung möglichst zu verringern und den Sprechstromkreis hinsichtlich Symmetrie, Dämpfung und Frequenzabhängigkeit optimal auszugestalten, muß ein modernes System vor allem Wert darauf legen, daß die Schaltstellen innerhalb der Wähler zuverlässige und erschütterungsfreie Kontakte geben. Nachdem der

34

Übergang vom Einfach- zum Doppelkontakt den Relaiskontakt mit seinen erhöhten Drücken außerordentlich sicher gestaltet hat, wird die Forderung nach dem Edelkontaktwähler, besonders in der Nähe von verstärkten Stromkreisen immer lauter erhoben. Mit Recht wird andererseits darauf hingewiesen, daß die Vermeidung von Erschütterungen im Gestell für die Qualität der Kontaktgabe ebenso wichtig ist, und so wird man unter diesen Gesichtspunkten die vorhandenen Wählerkonstruktionen für den neuen Netzaufbau kritisch überprüfen müssen.

Diese Forderung ergibt sich vor allem auch dadurch, daß in der amerikanischen Fernmeldetechnik durch den sog. „Crossbarswitch" ein Wähler von höchster Qualität geschaffen worden ist. Dieser mit Palladiumkontakten ausgerüstete Wähler, welcher in seinen Einstellvorgängen nur die Bewegung des Relaisankers auswertet und auf Messerkontakte, Schnurzuführungen und dergleichen völlig verzichten kann, stellt an die deutsche Fernmeldetechnik die Forderung, eine annähernd gleichwertige Wählerkonstruktion anzuwenden.

Die gelegentliche Forderung, Vierdrahtleitungen vierdrahtmäßig durchzuschalten, verlangt einen Wähler mit 4 bis 5 Armen, wobei zweckmäßig Hin- und Rückleitung auf dem ganzen Verlauf der Verdrahtung in einem schützenden Abstand geführt werden müssen. Dadurch werden die Prüfdurchschaltekontakte bedenklich und es empfiehlt sich, eine Wählertype anzuwenden, welche abhängig vom Prüfvorgang die Sprechkontakte erst schließt und damit auf eine Umleitung der Verdrahtung von der ankommenden Sprechleitung zum Prüfrelais und von dessen Kontakten wiederum zu den Wählerarmen verzichten kann.

Unter Würdigung all dieser Forderungen wird der bisherige Hebdrehwähler als grundsätzlich dreiarmiger Wähler neuen Konstruktionen weichen müssen und es sind tatsächlich auch in der deutschen Fernmeldetechnik interessante Konstruktionsvorschläge hiefür vorhanden.

Die Firma Siemens & Halske hat den sog. Motorwähler geschaffen, der grundsätzlich hundertteilig ist, aber auch in kleinerer Form ausgeführt werden kann und in der Armzahl weite Grenzen erlaubt. Für diese Wählerkonstruktion ist Edelmetallkontaktgabe und Andrückmöglichkeit vorgesehen, so daß die Prüfkontakte wegfallen können. Die Messerkontakte sind durch hochwertige Edelkontakte ersetzt und vor allem sind durch die Form des Antriebes Erschütterungen durch die Bewegungsvorgänge wohl restlos vermieden. Diese Wählerkonstruktion dürfte also den Anforderungen der Übertragungstechnik vollauf entsprechen. Daß die Schnelläuferkonstruktion beim Zehnerschritt zehn Kontakte überspringen muß, wird durch die Schnelligkeit aufgewogen, doch wird noch festzustellen sein, ob die Unterteilung dieser Bewegung in Impulsdauer und Impulspause nicht eine Beeinträchtigung der Einstellsicherheit bringt.

Die Firma Telephonbau und Normalzeit GmbH. hat eine Kreuzschienenwählerkonstruktion in Angriff genommen, welche die Kontaktanordnung des Crossbarswitch mit dem Schrittschaltantrieb für direkte Einstellung verbindet. Der Crossbarswitch ist vom Standpunkt der Zifferneinstellung ein rein passives Organ, welches von außen her seine Einstellung erfahren muß. Im überwiegenden Teil des deutschen Fernwahlnetzes handelt es sich um kleine und kleinste Ämter und schwache Leitungsbündel zu ihrem Verbindungsverkehr und hier würde zur Berücksichtigung der Verkehrsschwankungen ein verhältnismäßig hoher Anteil an gemeinsamen Organen, Speichern, Sendern und Markierwählern aufzuwenden sein, so daß neben einer beträchtlichen Komplikation der elektrischen Steuerkreise auch hohe Kosten für diese zahlenmäßig in hohen Prozentsätzen aufzuwendenden teuren Einstellorgane des Umgehungsweges zu erwarten wären.

Die geplante Kreuzschienenwählerkonstruktion schichtet die Kontakte in Zehnerreihen zu vier Arbeitskontakten, soweit der Wähler vierarmig ausgeführt wird, und unter jeder Kontaktreihe ist eine seitlich verschiebbare Betätigungsschiene, welche die zur Schaltung der Kontakte notwendige Hubbewegung durch ein System senkrecht damit gekreuzter Zahnstangen erhält. Zwei Nockenwellen, die senkrecht zueinander angeordnet sind und über später zu beschreibende Wälzmagnete unmittelbar unter Einfluß der Impulse gedreht werden, schieben unter Einfluß der Zehnerwahl die Betätigungsschienen einerseits unter das Kontaktpaket, andererseits über die Zähne der gezahnten Schienen. Diese gezahnten Schienen wiederum werden unter Einfluß der Einernockenwelle nacheinander um einige Millimeter angehoben, erfassen die kammartig ausgestanzten vorderen Enden der Betätigungsschiene und drücken diese an der Kreuzungsstelle gegen das Kontaktpaket, dessen Kontakte dadurch schließen.

In einer Sonderausführung ist mit der Betätigungsschiene auch eine Stützfeder verbunden, welche den betätigten Kontakt in geschlossener Lage festhält, auch wenn die Nockenwelle und damit die Betätigungsschienen weiterschalten. Dadurch kann der Wähler zugleich als Speicher verwendet werden und kann in jeder Dekadenreihe der Kontakte ein Kontaktpaket betätigen. Der Wähler ist also zugleich Speicher und kann im UWG, UWD und UWS die beschriebenen Aufgaben der Speicherung übernehmen.

Die von der Nockenwelle angehobenen Zahnstangen können gegenüber den Kontaktpaketen so gelagert werden, daß durch die Nockenbewegung nur der Prüfkontakt schließt und mit einem seitlich am Wähler sitzenden Prüfrelais erst die angehobene Zahnstange weiter durchhebt und dadurch die in den Sprechästen gelegenen Kontakte schließt. Der Wähler kann so auf die Prüfdurchschaltekontakte verzichten und so darf erwartet werden, daß der Wähler hinsichtlich Güte der Kontaktgabe und durch die Verringerung der Kontaktstellen übertragungstechnisch sehr günstig wirkt. Er kann für Zwecke der Vierdrahtschaltung eine weitere Sonderausführung erhalten, bei der die Kontaktsätze für Hin- und Rückleitung in wünschenswertem Abstand gehalten werden. Die Kontakte, wie normale Relaisfedern als Doppelkontakte mit Edelkontakt ausgeführt und mit kräftigen Kontaktdrücken versehen, lassen eine erschütterungsfreie und saubere Kontaktgabe hoffen. Der Wähler kann staubdicht abgeschlossen werden und ergibt eine völlige Trennung der elektrischen Kreise von der Kinematik. Kein bewegtes Teil ist stromführend und mit einem aufsteckbaren Gehäuseteil können die sämtlichen Getriebeteile nach vorne abgehoben werden, während die stromführenden Kontakte an der Rückseite des Gehäuses im Gestell fest verlötet sind. Ob diese Wählerkonstruktion nur für Spezialaufgaben, also in der Nähe der Verstärkerstromkreise, und als Speicher verwendet werden soll oder auch allgemein zur Anwendung kommt, ist noch eine Frage des Preises und Raumbedarfes. Die übertragungstechnischen Forderungen, die Kontaktgabe der Wähler werden immer schwieriger und auch hier wird die Technik der Ortsvermittlungsämter mehr und mehr auf die Forderungen des Fernverkehrs Rücksicht zu nehmen haben.

Neben der bereits erwähnten neuen Antriebsform des Motorwählers zieht mit dem sog. Wälzmagneten eine sehr beachtenswerte Neukonstruktion in die künftige Wähltechnik ein. Abb. 21 zeigt die Teile des Wälzmagneten, Abb. 22 einen damit ausgerüsteten Vorwählerrahmen, während Abb. 23 Konstruktionszeichnungen und Betriebsdiagramme wiedergibt. Der unmittelbare Schrittschaltantrieb bietet für den Verbindungsaufbau so ungeheure Vorteile gegenüber dem Antrieb mit gemeinsam umlaufenden Wellen, daß die Vervollkommnung dieser Antriebsform von lebenswichtiger Bedeutung gerade für die deutschen Wählsysteme ist. Daß es mit dem Motorwähler gelungen ist, ein individuelles Antriebsorgan zu schaffen, welches mit der Möglichkeit der direkten Steuerung die gleichförmige kontinuierliche Drehbewegung fast ohne Lärm und Erschütterung leistet, bedeutet eine völlige Wendung zugunsten der direkt gesteuerten Systeme.

Man darf die Bewegungsvorgänge eines Wählers nicht rein vom Standpunkt der zweckmäßigsten Bewegung betrachten, sondern muß sich bewußt bleiben, daß der Bewegungsvorgang nur der Herstellung einer bestimmten Einstellung dient und daß es sich um verschwindend kleine Wege und kurze Bewegungszeiten handelt und darf vor allem die Tatsache nicht vergessen, daß diese Bewegungen zur Einstellung auf unterteilte Schritte durch Stromstöße gesteuert oder wenigstens kontrolliert werden. Die Wählscheibe des Teilnehmers, die wohl kaum in absehbarer Zeit durch ein anderes Organ ersetzt werden kann, liefert Stromstoßreihen und die Einstellung gestaltet sich dann am einfachsten, wenn das Empfangsorgan zu deren Auswertung optimal angepaßt und eingerichtet ist. Wo diese direkte Einstellung nicht möglich ist, müssen komplizierte Zwischenspeichervorgänge aufgewendet werden. Die Maschinenwählersysteme speichern die vom Teilnehmer gewählten Impulse zunächst in Relaisspeichern oder Schrittschaltwerken und bauen damit gewissermaßen im Speicher schon einmal die Verbindung mit direkter Steuerung auf. Dann folgt als zweite Aufgabe die Einstellung der Sprechwähler durch die dauernd angetriebenen Wellen und um diese Bewegung nun zu überwachen, senden die Wähler gewissermaßen als zweite Wählscheibe Stromstöße auf den Abgreifer des Speichers, welcher auf die Speichereinstellung gemäß der gewählten Ziffer zu prüfen hat. Aus einem Einstellvorgang werden so drei hintereinandergereihte Einstellvorgänge, wobei der Schrittschaltvorgang, dessen Vermeidung durch die umlaufende Welle bezweckt ist, mindestens in Form von Relaisspeicherwerken im Speicher auftritt und hier sogar zweimal aufgewendet

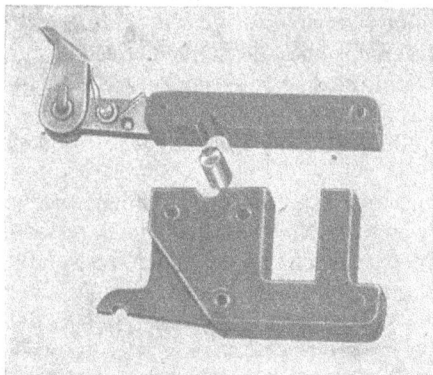

Wälzmagnet

Vorwählrahmen mit Wälzmagnet

werden muß, nämlich bei Einspeicherung und beim Abgriff. Daß dieses Vorgehen, namentlich in Durchgangsverbindungen über weit unterteilte Netzebenen durch Verzögerung des Verbindungsaufbaues erhebliche Komplikationen zur Folge haben muß, ist klar.

So wertvoll nun die bisherigen Schrittschaltwerke als direkte Aufnahmeorgane für die Stromstöße waren, verblieben doch einige Bedenken und Schwierigkeiten, welche schließlich zur Heranziehung des Maschinenantriebes geführt haben.

1. Man bezeichnete die Schrittschaltwerke als Hammerwerk und beanstandete, daß der Antrieb laut, erschütterungsbehaftet und im Wirkungsgrad ungünstig war. Die Zugkraft des Schaltmagneten wächst gegen Ende der Bewegung angenähert quadratisch an und erreicht den größten Kraftüberschuß in dem Augenblick, wo das Getriebe festgeklemmt und stillgesetzt werden muß. Dadurch tritt einerseits hohe Materialbeanspruchung an Klinken, Zahnrad und Schleifarm auf, andererseits wird durch die Stillsetzung der bewegten Massen ein Schlag erzeugt, der sich in Form von Erschütterungen im Gestell fortpflanzt und leicht zu Geräuschbildung an den Kontaktstellen führen kann. Eine große Zahl der heute noch beklagten Wählergeräusche ist auf diese Kontakterschütterungen zurückzuführen.

2. Die Schrittschaltmagnete müssen, um genügend schnelle Schaltzeiten zu erzielen, mit hohen Stromstärken arbeiten, die sie im Dauerzustand zum Verbrennen bringen würden. Sie müssen daher mit Zeitsicherungen unter der Betriebsstromstärke abgeschirmt werden und diese Sicherungen bilden in der Amtspflege den überwiegenden Anteil der anfallenden Störungen. Der Wälzmagnet verzichtet auf die starre Lagerung des Ankerdrehpunktes und verschiebt wie auf Abb. 23 gezeigt, den Auflagepunkt längs einer Wälzbahn, so daß zu Beginn der Bewegung, wo die Gegenkräfte von Null beginnend anwachsen, die Kraft im Verhältnis zur Last ein Hebelarmverhältnis von fast 2 : 1 besitzt. In einer stetigen Veränderung wird dieses Hebelarmverhältnis im Laufe des Anzuges umgekehrt, so daß am Schluß der Bewegung, wenn die Zugkraft ihren Höchstwert erreicht hat, die Last einen vierfach so großen Hebelarm besitzt wie die Zugkraft. Dies hat den gewaltigen Vorteil, daß der Schaltvorgang wesentlich rascher und weicher verläuft und insbesondere am Ende die aktiven Kräfte sogar kleiner werden können als die passiven, so daß sich die Beschleunigung, wenn man die Konstruktion so weit treiben will, sogar in eine Verzögerung verwandeln kann. Die Bewegung wird unter Einfluß der beschleunigten Massen, eben noch durch natürlichen Aufbrauch zu Ende geführt, ohne daß ein Überschuß durch harten Anschlag vernichtet werden muß. So scheint der Wälzmagnetantrieb als ideale Antriebsform zur Verwertung der angebotenen Stromstöße in direkter Einstellung. Bei den praktisch ausgeführten Wälzmagneten ergibt sich z. B. für den Antrieb des Vorwählers

Verringerung des Kupferbedarfes auf fast $\frac{1}{3}$,

Erhöhung des Widerstandes von 55 Ohm auf das Dreifache,

Beschleunigung der Schrittschaltbewegung trotz dieser Erhöhung der Zeitkonstante, sodaß mit Wälzmagneten ausgeführte Schrittschaltwerke ohne weiteres hundert und mehr Schritte in der Sekunde ausführen können.

Diese großen Vorzüge des Wälzmagneten sollten in der künftigen deutschen Automatik bei allen Drehwählerkonstruktionen zur Anwendung gelangen, die nicht für den Motorantrieb groß genug sind und bei denen dieser zu teuer kommen würde, und so wird man vielleicht einmal in der Verwendung von Motorantrieb für große Drehwähler, Wälzmagnetantrieb für alle übrigen Schaltgetriebe die beste Lösung erblicken können.

Es erscheint durchaus verfolgenswert, auch einen hundertteiligen Drehwähler mit der Kontaktbank des Motorwählers mit Wälzmagnetantrieb zu versuchen, wobei also ein elf- oder zwölfteiliges Zahnrad für den Zehnerschritt und ein hundertteiliges für den Einerschritt vorzusehen wäre. Die Schaltstromkreise gestalten sich noch einfacher wie beim Motorwähler und die Armeinstellung beim Zehnerschritt kann in etwa 35 bis 40 ms abgeschlossen sein, während beim Motorwählerantrieb bekanntlich die Arme erst in der 75. bis 80. ms die Teilung durchlaufen haben.

Mit der Vervollkommnung der Wählerkontaktstellen wird man bemüht sein, alle unedlen Kontakte im Verbindungsaufbau einzuschränken. Messerkontakte werden bereits durch Kontakte mit Edelmetall ersetzt und in den Stromkreisen wird auf Verringerung der Kontaktzahl großer Wert gelegt. Ein Blick auf eine Kraftwegcharakteristik eines Arbeits- bzw. Ruhekontaktes läßt erkennen, daß besonders Ruhekontakte im Sprechkreis ungünstig sind. Dies führt mit zu dem Vorschlag, die Steuerkontakte des V-Relais durch g-Arbeitskontakte zu ersetzen. In den Wechselstromübertragern kann die Zahl der Kontaktstellen oft auf $\frac{1}{3}$ herabgesetzt werden.

Neben der heute gebräuchlichen Flachrelaiskonstruktion hat die Firma Telephonbau und Normalzeit GmbH., Frankfurt/Main, die in Abb. 22 dargestellte Neukonstruktion entwickelt, welche wieder zur achsialen Ankerbewegung zurückkehrt. Das Relais hat sonst den gleichen Raumbedarf und die gleiche Leistungsfähigkeit, benützt aber für den Kontaktaufbau ähnlich wie das englische Relais eine Stütztreppe, so daß die Kontaktfedern aus einem einzigen Grundschnitt mit geringstem Materialverlust hergeleitet werden können. Der seitliche Ankeranschlag und die dadurch nahegelegte schwingende Aufhängung der Flachrelais gibt Anlaß zu Bedenken bezüglich der Erschütterungsmöglichkeiten. Bei achsialer Ankerbewegung werden die durch den Ankeranschlag und -abfall bedingten Stöße ohne Erschütterungsübertragung aufgenommen und deshalb wurde diese Form bevorzugt.

An neuen Konstruktionselementen ist vor allem der Zetteldrucker zu erwähnen. Abb. 24 zeigt einen Konstruktionvorschlag hiefür, unter Verwendung normaler Hollerithkarten. In einem Vorratsbehälter ZG sind etwa 800 bis 1000 Karten vorrätig gehalten und werden von einem Heber HE nach oben gedrückt. Ein Vorschubmagnet VM erfaßt die oberste Karte mit einer Vorschubklinke VKl und bringt sie bis zu einem fixierten Anschlag, wobei die Rollen des Transportmagneten MTr kurz auseinandergezogen werden und die Karte festlegen. Für die Stanzung und den allenfallsigen Druck ist ein durch Magneten angetriebener Zylinder über der Stanzstelle angeordnet, MTy, dessen Anker Mdr, als Matrize ausgebildet, die Karte gegen den Zylinder und die Typen nach oben preßt. Der Zylinder selbst wird durch ein Schrittschaltwerk impulsweise vorangeschaltet und zwischen zwei Stromstoßreihen durch eine Feder zurückgedreht. Eine Farbrolle FR, gespeist von einem Farbtopf FT, kann, wenn Druck gefordert wird, die Typen einfärben. Ein Ablesespiegel ASp erlaubt das Ablesen der in Druck befindlichen Karte, die dann nach vollendetem Druck in den Ablagebehälter BG abgeworfen wird. Die Stanzabfälle fallen in den Mittelbehälter AB. Die Karten können in verschließbaren Behältern eingesetzt und nach erfolgter Ablage herausgenommen werden und sind, da sie Geldwert, gewissermaßen wie Papiergeld repräsentieren, unbefugtem Eingriff entzogen. Die Behälter könnten verschlossen in die Verrechnungsstelle gebracht werden, wo die Tabelliermaschine die Lochung auf dem Rechnungsformular des Teilnehmers zeilenweise in Klartext umsetzt und, ergänzt durch eine Gebührenerrechnungsschaltung, aus den Zonen- und Minutenwerten für jede Zeile die Gebühr ermittelt und aufaddiert. Der Zettel enthält zunächst Spalten der rufenden Nummer, dann eine Zonenspalte, dann eine getrennte Minutenspalte für Tag- und Nachttarif, dann die Spalte für Kennziffer und gerufene Nummer und schließlich eine Spalte für die Gesprächsbeendigung und Datum. Diese beiden letzten Angaben sollen dem Zetteldrucker aus dem für das Amt gemeinsamen Zeit- und Datumgeber übermittelt werden.

Der Zetteldrucker benötigt also nur ein einziges Druck- und Stanzwerk und erhält vom UWG bzw. vom Zeit- und Datumgeber am Gesprächsende die einzelnen Ziffern in Form von Stromstoßreihen übermittelt.

Der Zetteldrucker fügt sich so in den normalen Gestellaufbau ein und kann im Aufbau die benötigten Relais und im seitwärtigen Anbau die Suchwähler für seine Anschaltung aufnehmen. Es erscheint wertvoll, den Zetteldrucker nicht fest in die Verbindung zu legen, so daß diese etwas aus dem Rahmen der normalen Wähltechnik herausfallende Einrichtung in gesonderten Gestellen zusammengefaßt werden kann und beim Einsatz neuer Zetteldrucker keine Leitungssperrung oder dergleichen in Kauf genommen werden muß. Daß der Zetteldrucker nur etwa 25 Sek. lang in Anspruch genommen ist, wird die Zahl gegenüber dem festen Einbau in der Verbindung ungefähr auf den sechsten Teil zu verringern gestatten. Die Anschaltung über Suchwähler erlaubt die wünschenswerte gegenseitige Aushilfe beim Ausfall eines Zetteldruckers. Es wurde hierbei Wert gelegt, den Zetteldrucker als kleine individuelle Einheit auszubilden, entsprechend dem grundsätzlichen Aufbau der deutschen Wähleinrichtungen.

Neue Fernämter für das geplante Netz des Doppelbetriebssystems

Durch die Schaffung eines Landeswählnetzes tritt der handvermittelte Fernverkehr immer weiter zurück und wird sich schließlich auf den internationalen Verkehr beschränken. Daneben wird im Rahmen des Doppelbetriebssystems der Sofortverkehr in der beschriebenen Form bestehen bleiben und hiefür werden die Fernämter eine Anzahl Schnellverkehrsplätze erhalten, welche mit und ohne Aufschaltemöglichkeit die Verbindungen für den Teilnehmer herstellen, um nach der letzten gewählten Ziffer aus der Verbindung auszuscheiden. Da sich damit eine hohe Personalausnützung ergibt, wird sich die Zahl dieser Plätze sehr stark einschränken lassen, selbst dann, wenn ein beträchtlicher Verkehrsanteil in dieser Form abgewickelt wird. (Abb. 25.)

Jedenfalls wird bei Durchführung des Wählverkehrs im Landesnetz jegliche feste Zuteilung einer Fernleitung an einen bestimmten Fernplatz verschwinden. Die Fernleitungen enden an Wechselstromübertragern und Tonfrequenzübertragern, die teilweise bei am Rande des Stadtnetzes gelegenen Verstärkerämtern in diesem oder einem geeignet gelegenen Wähleramt untergebracht sein werden. Bei dieser Anordnung erscheint eine schnurlose Ausführung des Fernplatzes als selbstverständlich. Stecker und Schnur und Ferndienstklinkenfeld haben jegliche Berechtigung verloren. Genau wie in neuen amerikanischen Fernämtern des geplanten Landesfernwahlnetzes, werden die

Fernplätze unter Beibehaltung der Schrankform im Aufbau eine übersichtliche Kennziffernkartei erhalten, während in der Tischplatte die Kipper für die einzelnen Verbindungsaggregate liegen. Drei Dinge müssen am heutigen Fernplatz als unzweckmäßig bezeichnet werden:

1. Stecker und Schnur, mit ihrer hohen Störungsanfälligkeit, die bei Vierdrahtausführung noch bedenklicher werden würde,
2. die Wählscheibe, die durch eine Tastensendeeinrichtung ersetzt werden soll,
3. der Bleistift und der Zettel.

Die außerdeutschen Fernämter verwenden heute bereits fast ausnahmslos eine Zehnertastatur, welche mit einer Relaisspeichereinrichtung zusammenarbeitend die Verbindungsherstellung wesentlich erleichtert und beschleunigt. Auch für das künftige deutsche Fernamt wird eine elektromechanische Zehnertastatur vorgeschlagen, welche, nach dem Kreuzschienenprinzip arbeitend die Ziffern kontaktlos mit ausgebogenen Blattfedern speichert. Zwei senkrecht zueinander stehende Nockenwellen bezeichnen, eine die Dekaden, die andere die Ziffern, und mit der Tastung werden die Ziffern stellenweise auf die Enden dieser Blattfedern übertragen und zugleich an einem Fenster sichtbar gemacht. Die Stellung dieser Federn wird wiederum mechanisch dekadenweise abgetastet und durch einen elektrischen Abgreifer in die entsprechende Stromstoßreihe umgesetzt. Der gesamte Raumbedarf eines derartigen Speichers entspricht dem eines Zeitstempelsatzes und erspart die umfangreichen und teuren Relaisspeicher, während gleichzeitig durch die Zehnertastatur die Wahl von Kennzahl und gerufener Nummer auf das 4- bis 5fache beschleunigt werden kann. Man muß sich hier darüber klar sein, daß in dem beabsichtigten Sofortverkehr ohne Aufschaltung, der die Regelform bilden wird, der Zeitbedarf für die Eintastung der Kennzahl und gerufenen Nummer dem Bedarf an Schränken und Vermittlungsbeamtinnen geradezu proportional ist. Überschlägt man lediglich, daß eine Verminderung dieses Zeitbedarfes auf ⅓ die Schrankzahl und die Zahl der die Schränke bedienenden Beamtinnen auf ⅓ reduzieren würde, so gewinnt die Schaffung einer solchen Tastatur ein ungeheures Gewicht und erscheint als wirtschaftlichstes Element in diesem Aufbau.

Stecker und Schnur und Klinkenvielfachfeld sind im Zusammenarbeiten mit Relaisübertragern an sich höchst unerwünschte Einrichtungen. Diese Organe werden viel zweckmäßiger durch Kipperstellungen belegt, so daß auch das Übergreifen auf Nachbarplätze und dergleichen erspart werden kann. Nachdem die Ausgänge in das Ortsnetz und in die Netzgruppe ausschließlich über Wähler einzustellen sind, läßt sich die Anordnung der Kipper auf der Tischplatte für jeden Verbindungssatz einfach und übersichtlich gestalten.

Statt die Leitungen über die Fernplätze zu schleifen, wird man diese nur mit Stichleitungen an einen geeigneten Übertrager der Fernverbindung heranschalten. Für die Sofortverbindungen des Doppelbetriebssystems ist dieser Weg in den Abb. 18 und 19 bereits gezeigt. Daß auch im Rückruffernverkehr der Zetteldrucker sinngemäß mit benützt werden kann, wird in Abb. 26 gezeigt. Die Stichleitung des Fernplatzes wird fünfadrig über einen Suchwähler an den Speicher UWGF angeschaltet und über diesen kann der Wählplatz einerseits die Verbindung zum rufenden Teilnehmer, andererseits zum gerufenen Teilnehmer herstellen. Dieser gerufene Teilnehmer kann auch eine handbediente Fernleitung sein, die über Wähler eingestellt wird und deren Kennzahl für die Zonenerfassung bestimmend ist. Der Zonenumrechner hat in diesem Falle zwar erschwerte Aufgaben, die Entfernung zwischen rufendem und gerufenem Teilnehmer festzustellen, da gewissermaßen hier zwei Zonenermittlungen zusammenwirken müssen. Da aber hierbei größte Entfernungen in Frage kommen, für die die Zonen nur in Größeneinheiten von 100 km abgestuft sind, kann in dem Zonenumrechner das Kennzeichen für den rückgerufenen Anschluß und dessen Zone mit einer einstelligen Ausscheidung berücksichtigt werden. Die Spalten des Zettels können bei sonst gleicher Einteilung neben der rufenden Nummer eine Kennzahl für den rufenden Teilnehmer aufnehmen, während für den gerufenen Teilnehmer, wenn dieser von der Gegenbeamtin angeschaltet wird, nur die Kennzahl der Leitung erscheint. Hier wird sich eine gewisse Vereinheitlichung mit der im Selbstwählverkehr und Doppelbetriebssystem angewendeten Zettelform empfehlen. Die Frage, ob die Fernleitungen dabei zweidraht- oder vierdrahtmäßig über die Wähler durchgeschaltet werden und in letzterem Falle bis zu welchem Wählorgan, ist für diese grundsätzliche Anordnung nicht von Bedeutung. Die Stichleitung kann jedenfalls auch bei Vierdrahtdurchschaltung in geeigneter Weise in Mithörstellung, ebenso wie in einseitiger Abfragestellung an die Fernleitung herangebracht werden.

Selbstverständlich erscheint es, daß man für die Wahl der Tonfrequenzrufumsetzer, soweit diese noch benötigt werden und mit einem Rufschlüssel des Fernplatzes zusammenarbeiten müssen, eine Ausführung wählt, welche auch als Sender und Empfänger für die Fernwahl geeignet ist.

Ergänzt man diese Tonfrequenzrufumsetzer mit Relaiszusätzen nach Art eines Übertragers, so kann mit einem Aufwand von 3 bis 4 Relais die Leitung belegt und ausgelöst werden, auch wenn sie handbedient vom Fernplatz aus über Klinke oder Suchwähler angeschaltet wird. Damit werden Verlustzeiten durch Totliegen der Leitung gespart.

Für den mit Wartezeit arbeitenden Fernverkehr mit Anmeldung und Rückruf wird je ein Vormerkzettel erforderlich sein, auf dem die Beamtin in der Reihenfolge der Anmeldungen die Gesprächsunterlagen festhält. Ob man hiefür wieder zum geschriebenen Zettel zurückkehrt oder etwa im Schrankaufbau einfache Zifferneinstellwerke vorsieht, kann noch nicht eindeutig entschieden werden. Jedenfalls kann auch im Wartezeitverkehr unabhängig von diesem Vormerkzettel bei der späteren Verbindungsherstellung der Zetteldrucker nach Abb. 24 eingesetzt werden, während der Vormerkzettel nur eine betriebstechnische interne Unterlage zu liefern braucht. Bis dieser Zustand erreicht wird, besteht eine Reihe von Übergangsjahren, in denen die Fernleitungen noch über eine Gegenbeamtin bedient werden, auch wenn sie später in das Landeswählnetz eingegliedert werden sollen. Hier wird man wenigstens bemüht sein, diese Leitungen bereits über Wähler anzusteuern, wenn neue Fernämter errichtet werden, damit man nicht einen teuren und hemmenden Vielfachklinken aufbau schaffen muß, welcher später unbrauchbar anfällt.

Übergang von dem vorhandenen System auf das neue Schaltsystem

Die aufgezeigten Vorschläge des Gesamtplanes sollen zur Schaffung eines Fernsprechbetriebes in Deutschland dienen, welcher dem neuesten Stand der Technik in der Welt entspricht und der deutschen Industrie Exportmöglichkeit auch für die Zukunft sichert. Es wird kaum gelingen, nur für den Export neueste Systeme aufzustellen, wenn diese nicht in einem Teil des deutschen Netzes ihre Brauchbarkeit im Betrieb erwiesen haben. So wird auch unter dem Druck der furchtbaren Notlage wenigstens in einem Netzteil eine Verwirklichung eines modernen Wählnetzes angestrebt werden müssen, welches das Schaufenster für die deutsche Fernmeldetechnik bildet.

Für das übrige Netz aber wäre eine derartige Systementwicklung Ziel und Richtlinie mit der Aufgabe, bei allen Neuanschaffungen den Weg hiefür offen zu halten, so daß nach Aufbrauch des Vorhandenen die Vereinheitlichung des neuen Systems bereits vorbereitet ist.

Die deutsche Post wird in ihrem Bauvorgehen künftig folgende Situationen nebeneinander zu berücksichtigen haben:

1. Völliger Neubau, zur Schaffung der Musteranlage . . . . = System N
2. Ergänzung zerstörter Netze in geschlossenen Gruppen mit neuartigen Schaltmitteln . . . . = System E
3. Instandsetzung nach den erweiterten Regelkriterien . . . . = System I
4. Dringende Vorläuferstufe zur Entlastung der Fernämter . . . . = System D

Es ist selbstverständlich, daß die Planung für die Zukunft die Lösung der brennenden Gegenwartsaufgaben in keiner Weise verzögern oder behindern darf. Umgekehrt wäre es unverantwortlich, wenn man im Augenblick einer so tief einschneidenden Erneuerung lediglich die veraltete Technik auf weitere 30 bis 40 Jahre verewigen würde.

Die Entwicklung der letzten Jahre vor dem Krieg hatte den Entschluß gezeigt, im ganzen Reichspostgebiet die Fernwahl mindestens im Netzgruppenverband durchzuführen. Dazu wurden die Vorschalteschränke als Haupthindernis durch die Fernvermittlung über Wähler ersetzt und hiefür die sog. Regelkriterien ausgearbeitet. Zu diesen Regelkriterien hinzu tritt die neueste Forderung der Aufschaltung, mindestens des Ansagens von Fernverbindungen, eine Möglichkeit, auf die die Besatzungsbehörde größten Wert legt. Es darf heute als feststehend angesehen werden, daß die Schaffung eines gesonderten Ansagenetzes unwirtschaftlich, verkehrshemmend und mit dem Plane der Selbstwahl unvereinbar ist. Deshalb wurde bereits die Erweiterung der Regelkriterien auf Aufschaltung in Angriff genommen und der Stand der Arbeiten läßt erkennen, daß es gelingen wird, mit geringsten Zubauten die vorhandenen Ortsleitungswähler für Aufschaltung zu ergänzen. In den Ortsfernleitungswählern wurde mit Einführung der Regelkriterien erheblicher schaltungstechnischer Aufwand totgelegt und auch hier gelingt nicht nur unter Ausnützung dieses Schaltungsaufwandes die Aufschaltung mit gleichen Kriterien und Mitteln, sondern zugleich die endlich mögliche Vereinheitlichung im Aufbau von Fernverbindungen mit Aufschaltung. Die Deutsche Reichspost kann den fabrikationsmäßigen Engpaß der nächsten Jahre nicht fruchtbarer überbrücken, als wenn sie ein bis zwei Jahre dazu benützt, durch Einführung der sog. erweiterten Regelkriterien den Weg zur einheitlichen Durchführung des Fernverkehrs zu ebnen.

Die sog. Regelkriterien verzichten nicht nur auf die Trennung, sondern auch auf die Aufschaltung. Sie fügten zu den Stromkreisen für reinen Ortsverkehr und Selbstwählverkehr lediglich die Aushängeüberwachung, d. h. sie meldeten über Schleife das Ein- und Aushängen des gerufenen Teilnehmers. Zu der am b-Ast anliegenden Zählspannung, die auch bei Selbstwählverbindungen grundsätzlich vorgesehen war, wird beim Einhängen des gerufenen Teilnehmers Erde auf die a-Leitung gegeben und ein im Fernplatz bzw. im vorgeordneten Wechselstromübertrager in der Schleife liegendes hochohmiges Signalrelais kann zur Aushängeüberwachung die Platzlampe steuern.

Diese Regelkriterien sind im Bereich der verschiedenen Postdirektionen teilweise durchgeführt zu einem sehr erheblichen Teil aber noch nicht. Um so naheliegender ist es, mit dem Umbau gleich die Einfügung der Aufschaltemöglichkeit zu verbinden, wie sie in Form der erweiterten Regelkriterien geboten wird.

Nach den erweiterten Regelkriterien wird in der Besetztstellung des Leitungswählers ein Aufschalterelais mit Erde an den b-Ast gelegt und durch Anlegung von Minusspannung an den b-Ast wird die Aufschaltung vollzogen. Zugleich wird ein Ticker angeschaltet, um den sprechenden Teilnehmern kundzutun, daß eine Aufschaltung vollzogen wurde. Die Beamtin fordert zum Einhängen auf und erkennt am Aufleuchten der Lampe am Fernplatz, wann ihre Aufforderung berücksichtigt wurde, und kann dann nachläuten, soweit dieses Nachläuten nicht selbsttätig durch den Leitungswähler vor sich geht. Ohne eine neue Verbindung aufbauen zu müssen, setzt sie die Fernverbindung ab, erhält die Schlußzeichenlampe und kann zum Zwecke der Gebührenansage nochmal nachläuten und die Gebühr mitteilen, wenn der Teilnehmer wieder ausgehängt hat.

Beim Durchlaufen der Besetztstellung wird also auch bei freien Verbindungen kurzzeitig Erde an den b-Ast gelegt und so liefern die erweiterten Regelkriterien zugleich die impulsweise Rückmeldung für Frei- und Besetztmeldung. Bei freiem Teilnehmer wird ein etwa 50 ms dauernder Erdimpuls zurückgegeben, während im Besetztfall die Erde dauernd anliegt. Damit liefert der auf erweiterte Regelkriterien umgestellte Leitungswähler bereits jene Rückmeldungen, welche die Signalvorverlegung und die Trennung in Einstell- und Sprechzustand gestatten. Auch die Rückauslösung kann damit bereits durchgeführt werden und gibt, was in der heutigen Überlastung der Leitungswege so ungeheuer wichtig ist, in jedem Besetzt- und Durchdrehfalle sofort die Verbindung frei.

Die Signale können allerdings nicht vom I. GW aufgenommen und bis zu einer Fangschaltung durchgegeben werden, solange dieser GW nicht das oben erwähnte Organ für Rückmeldungen im Sprechzustand besitzt. Dagegen kann der abgehende Übertrager schon das Freizeichen seines eigenen Amtes als erstes und periodisches Freizeichen anlegen und kann durch Öffnen des Belegastes den abgehenden Gruppenwähler veranlassen, durchzudrehen, die Leitung freizugeben und lokal das Besetztzeichen zu liefern. Damit wird schon ein hoher Prozentsatz der im N-System erstrebten Vorteile im E- und I-System erzielt.

Die vom Fernplatz aufgebauten Verbindungen erreichen den abgehenden Übertrager auf einem gesonderten Prüfweg, mit der Wirkung, daß bei Schrankverbindungen die Rückauslösung unterbleibt, weil der Unterbrecherkontakt umgangen wird und die Aufschaltung vollzogen werden kann. Es gehört zu den dringendsten Gegenwartsaufgaben, im Zuge der Umstellung auf Regelkriterien die sog. erweiterten Kriterien mit einzubauen und überall, wo die Aufschaltung verwirklicht wird, gleich diesen Stand der Systemerneuerung mit zu erzielen. So steht heute bereits fest, daß sämtliche Leitungswähler und Ortsfernleitungswähler des gesamten Reichsgebietes, auch die des Systems 40/41, einheitlich auf diese Kriterien umgestellt werden können, und so tritt erstmals seit Beginn der Automatisierung in Deutschland eine erfreuliche Vereinheitlichung in den Schaltkriterien ein, welche den Weg für das Landeswählnetz wesentlich vorbereitet.

Mit der Wiederinstandsetzung der Ortsnetze wird man also in angefangenen 2000-Gruppen die Schaltkreise der erweiterten Regelkriterien einbauen, wo aber ganze Gruppen neu entstehen, wird man nach dem System E vorzugehen bemüht sein, und hiefür sind die Schaltungsentwicklungen auch bereits eingeleitet. Man wird in dem Augenblick, wo man über die Gestaltung des Systems N zu klaren Entschlüssen gekommen ist, auch das System E möglichst nach dieser Richtung gestalten, um die Ziele Signalvorverlegung, Rückauslösung bei versagendem Verbindungsaufbau, Trennung in Einstell- und Sprechzustand und Durchführung des Doppelbetriebssystems, Sendung der rufenden Nummer für Zetteldruckerbetrieb, baldigst verwirklichen zu können.

Die Wiederinstandsetzung der Ortsnetze nach diesen Richtlinien bildet die Voraussetzung für die Gesundung des Fernverkehrs, der heute vielfach im Ortsnetz schwierigere Engpässe findet als auf dem Fernübertragungsweg. Erfreulich wäre es, wenn dabei die erwähnten Gesichtspunkte für Wählerneukonstruktionen schon die Bausteine liefern würden.

Zur Entlastung der Fernämter, die zum Teil durch Mangel an Raum, Schränken und Personal nicht in der Lage sind, die bestehenden Netze voll auszunützen, geschweige denn den Bedürfnissen des Verkehrsanfalles zu genügen, wird es sich empfehlen, einen vorläufigen Selbstwählverkehr einzuführen, welcher strahlenförmig von den großen Verkehrszentralen auslaufend, 70 bis 80% des Vorortsverkehrs erfassen könnte, ohne daß der Fernplatz dafür beansprucht wird. So könnten ausgehend von Frankfurt/Main z. B. Leitungen nach Wiesbaden, Mannheim, Darmstadt, Mainz und anderen Nachbarorten der Selbstwahl erschlossen werden, indem die abgehenden Übertrager zur Abgabe von Zählstößen für Mehrfachzählung in einfacher Weise ergänzt werden. Für diesen Verkehr können besondere Tarifbestimmungen getroffen werden, um etwa ähnlich, wie im Telegraphenwählnetz bereits durchgeführt, die Zeiterfassung durch periodische Zählstromstöße zu ermöglichen. Der abgehende Übertrager erhält dann ein Zählstoßspeicherwerk, etwa bestehend aus einem Vorwähler, in welches durch einen im Rahmen sitzenden Zeitschaltekontakt während des Gespräches Zählstöße übermittelt werden. Der zeitliche Abstand, in dem diese Zählstöße gegeben werden, würde abgestuft nach der Entfernung, so.daß sich die gleiche Tarifhöhe ergibt, wie bisher, wobei lediglich die Unterteiluug in die erste Drei-Minutceneinheit und die späteren Minuteneinheiten geopfert würde. (Abb. 27.) Beträgt die Dreiminutengebühr z. B. 90 Pf., so würde der Rahmenkontakt alle 30 Sekunden eine Zähleinheit speichern, so daß innerhalb drei Minuten sechs Einheiten zu 15 Pf. registriert würden. Ein ebenfalls aus Voiwählern bestehendes Abgreifwerk des Übertragers würde die gespeicherten Stromstöße am Gesprächsende auf das Z-Relais des I. GW und über dieses in den Zähler des rufenden Teilnehmers übertragen. Durch diese Einführung des Sofortverkehrs in Form des strahlenförmigen Selbstwählbetriebes könnte in der Umgebung der Großstädte eine gewaltige Entlastung erzielt werden und so wird sich die Durchführung dieses Verkehrs als dringendst empfehlen. Für diesen dringenden Wählverkehr in der Umgebung der Großstädte kann auch Zählung während des Gespräches durchgeführt werden und dann beschränken sich die Eingriffe auf kleine Abänderungen der I. GW und Einbau eines Übertragers mit drei bis vier Relais zur Anlegung der Mehrfachzählimpulse in den durch die Zone bedingten Zeitabständen.

Schaffung von verbilligten Teilnehmeranschlüssen

Zur Behebung der Anschlußnot in den Großstadtnetzen, vor allem aber auch in den Land- und Vorortsnetzen, die durch Abwanderung und Bevölkerungszuwachs stärkstens überlastet sind, wird man Zweieranschlüsse heranziehen müssen. Die Schaltungen hiefür liegen bereits weitgehend vor. Soweit diese Netze unter Bahnbeeinflussung leiden und die Teilnehmerleitungen erdfrei ausgeführt werden müssen, ist es gelungen, durch den sog. Dreieranschluß eine gleichartige Zweigschaltung zu schaffen. Beim Dreieranschluß wird an zwei Doppelleitungen benachbarter Teilnehmer ein dritter Anschluß angehängt, wobei im wesentlichen dieselben Stromkreise wie beim Zweieranschluß wirksam werden. Statt der im Zweieranschluß benützten Erde wird lediglich auf die zweite Doppelleitung zurückgegriffen. Dafür ist der Untereinanderverkehr der Teilnehmer des Dreieranschlusses mit einigen Einschränkungen möglich. Im praktischen Betrieb hat sich der Dreieranschluß in einem ersten Versuch bestens bewährt, und da eine 50%ige Anschlußmehrung mehr als ausreichend ist, kann er mit bestem Erfolg angewendet werden, namentlich dort, wo Nachbarorte mit im Bahnkörper verlegten Kabeln auf 4 bis 5 km Länge angeschlossen und die Kabeladern aufgebraucht sind. Wo vielfach die Telephone durch die Besatzungsmacht beansprucht sind, ergeben die Dreieranschlüsse die dringend gebotene Abhilfe.

Die Schaffung von Gruppenstellen und sonstigen Gemeinschaftsanschlüssen tritt daneben zunächst in den Hintergrund, da die Amts- und Wählereinrichtungen hiefür nicht in größerem Umfange greifbar sind. Bei richtiger Anwendung von Zweier- und Dreieranschlüssen wird sich für diese Gruppen- und Gemeinschaftsanschlüsse ohnehin eine Einschränkung ergeben, namentlich soweit sie mit ferngesteuerten Wählwerken arbeiten und mangels einer örtlichen Speisung erhöhte und frequenzabhängige Dämpfung bedingen. Die Schaffung billiger und beweglicher Kleinzentralen mit vollwertiger Speisung erscheint wichtiger als die Errichtung von nicht gespeisten Vermittlungsstellen, weil dann Nebenstellenanlagen mit angeschlossen werden können und die geforderten Dämpfungswerte auch für die längsten Teilnehmeranschlüsse eingehalten werden können. Eine derartige Kleinzentrale, bestehend im Internverkehr aus Anrufsucher und Leitungswähler und im ankommenden Verkehr aus einem Doppelbetriebswähler, der zugleich Fernanrufsucher für den abgehenden Verkehr ist und Leitungswähler für den ankommenden Verkehr, ist in Abb. 16 mit angedeutet.

Eine letzte Aufgabe wird sich für die Schaffung der Übertragungswege für den Landeswählverkehr ergeben. Innerhalb des Netzgruppenbereiches wird da und dort eine Leitungsmehrung erforderlich werden, neben einer Entlastung durch Querverbindungen und durch Umstellung auf doppelgerichteten Verkehr. Für den übrigen Netzaufbau entsteht die Forderung, eine Reihe von Hauptämtern mit Endverstärkereinrichtungen auszurüsten, damit 4-Draht-Übertragungswege mit und ohne Trägerfrequenzkanäle betrieben werden können. Im Fernkabelnetz wird man nach teilweiser Umbespulung mit Hilfe von Trägerfrequenzsystemen die Schaffung von 4-Draht-Übertragungswegen großenteils ohne Mehrung von Kabeln erzielen können. Auch Viererausnützung in Sternkabeln wird zu erstreben sein. Daneben bilden Freileitungen, z. B. nach dem Drehkreuzachsenprinzip, und Funkstrecken mit Kurzwellen eine reichliche Reserve, so daß man erwarten darf, daß sich für die großen Verkehrsbeziehungen bald eine fühlbare Entlastung ergibt. Bei gelegentlichem Ausfall dieser Wege, die nicht die Sicherheit von Kabelverbindungen bieten werden, wird die Zielwahl wertvolle Umgehungsmöglichkeiten mit selbsttätiger Umleitung bereitstellen. Es ist weniger eine Frage des Übertragungsweges als der Ämter, insbesondere der Fernschränke und des Bedienungspersonals, den heutigen Fernsprechbetrieb wieder von seinen Hemmungen zu befreien. Gerade diese Tatsache aber empfiehlt die weitgehende Heranziehung des Selbstwählverkehrs, für dessen einheitliche Planung diese Vorschläge und Empfehlungen dienen sollen.

Möglichkeiten der 4 - D r a h t - D u r c h s c h a l t u n g zeige schließlich ein zusammenfassender Wählerübersichtsplan für eine Durchgangsverbindung im Landeswählnetz unter Berücksichtigung der 4-Draht-Verbindungen und des Verbindungsaufbaues über Umgehungswege. (Abb. 28)

Gezeigt sind zwei Netzgruppen, die verschiedenen Zentralverbänden angehören, nämlich die Netzgruppe 035 des Zentralverbandes 03, sowie die Netzgruppe 054 des Zentralverbandes 05. Um alle Verbindungsfälle zeigen zu können, ist eine von einem Endamt und einem Knotenamt ins Hauptamt der Ausgangsnetzgruppe führende Verbindung in ihrem Verlauf über das zugehörige Zentralamt in der Führung über den Umgehungsweg des Durchgangszentralamtes 04 in das Bestimmungszentralamt 05 dargestellt, von wo aus sie über das Hauptamt der Netzgruppe 054 in das Knotenamt und Endamt weiter verläuft.

Der Teilnehmer des Endamtes 0354 mit der Rufnummer 9541 möge einen Teilnehmer des Endamtes 0546 mit der Rufnummer 834 anrufen.

Teilnehmer 9541 läßt beim Aushängen den Anrufsucher an, der mit einem zweiten Vorwähler fest verbunden ist, und erreicht dann einen dreiteiligen Drehgruppenwähler, welcher über die Dekade 0 den abgehenden Weg einstellt, über Dekade 9 eine Armumschaltung vollzieht, den internen Weg vorbereitet und dann zwei Hundertergruppen, z. B. 4 und 5, mit der zweiten Stromstoßreihe einstellt, um dann in freier Auswahl den Leitungswähler des betreffenden Hunderts zu suchen. Im vorliegenden Falle wird über Null ein abgehender Wechselstromübertrager Üg erreicht, ohne daß ein Belegimpuls ins Knotenamt geht. Bei Wahl der Ziffer 5 wird der ankommende Übertrager Ük belegt, welcher mit dem Umsteuerwähler für Gebührenermittlung UWG fest verbunden ist. Dieser speichert Kennziffer und gerufene Nummer und läßt einen Suchwähler an, welcher die Verbindung ins Hauptamt zum Übertrager Üg weiterschaltet. Mit etwa 300 ms Verzögerung erfolgt der Abgriff und die Weitergabe der 5 Stromstöße. Der ankommende Übertrager Ük wird belegt, dann der daran anschließende Speicher des Hauptamtes UWD, und in diesem wird wiederum die Speicherung vorgenommen. Die Wahl der Ziffer 5 besagt, daß die Verbindung über das Hauptamt ins Zentralamt weiter verbunden werden muß, und so wird nach Speicherung der Zahl 5 der abgehende Suchwähler angelassen und eine Leitung zum Zentralamt ausgesucht, über die die 5 Stromstöße ins Zentralamt weitergegeben werden, während die weiteren Stellen der Kennziffer im UWG und UWD eingespeichert werden. Der Übertrager für Tonfrequenzwahl Üt arbeitet mit dem Tonfrequenzrufumsetzer für Fernwahl, TRUW, unmittelbar zusammen und die Verbindung wird zweiadrig zur Gabelschaltung weitergeführt, die am Ende der 4-Draht-Leitung mit diesem Rufumsetzer verbunden ist. Für im Hauptamt einmündende und von diesem ausgehende 4-Draht-Leitungen ist die Umsetzung in 2-Draht-Verbindungen grundsätzlich und sind 4-Draht-—4-Draht-Verbindungen nach dem Netzaufbau nicht vorgesehen. Infolgedessen liegt die Gabel unmittelbar am Ende der 4-Draht-Leitungen. Im Zentralamt ankommend werden die Stromstöße von dem vieradrigen Tonfrequenzrufumsetzer entgegengenommen und bei dessen Belegung wird ein vierdraht-mäßig ausgerüsteter Doppelumsteuerwähler veranlaßt, sich gleichzeitig auf den Speicher UWS und auf einen 4-Draht-Zentralamtsgruppenwähler einzustellen. Die 5 Stromstöße werden im UWS gespeichert und von diesem zugleich mit geringer Zeitverschiebung in den 4-Draht-GW weitergeleitet. Im UWS sind die Einrichtungen für Zielwahl und Einstellung von Umgehungswegen vorgesehen und, wenn die Abschaltung besagt, daß die Leitungen vom Zentralamt 03 in das Zentralamt 05 überlastet oder völlig ausverkauft sind, wird die Verbindung selbsttätig umgeleitet über das Durchgangszentralamt 04. Der UWS sendet statt der gespeicherten 5 Stromstöße 4 Stromstöße aus und stellt damit den Gruppenwähler auf das Zentralamt 04 ein und dann wird vom UWS die gespeicherte Ziffer 5 zur Aussendung gebracht, wobei der erste Impuls als langer Stromstoß gesendet wird. Über den 4-Draht-GW wird ein abgehender Rufumsetzer und eine 4-Draht-Leitung zum Zentralamt 04 eingestellt und im Amt 04 bewirken die 5 eingehenden Stromstöße die gleichzeitige Einstellung des Durchgangszentralamts-GW, DZGW und des Netzgruppenwählers, der ebenfalls vieradrig ist. Ihnen vorgeordnet ist ein vieradriger Doppelumsteuerwähler, welcher die Dauer des ersten Impulses abprüft und bei Eingang eines ersten kurzen Inpulses die Verbindung zum Netzgruppenwähler aufrechterhält, bei Eingang eines langen ersten Impulses dagegen die Verbindung zum DZGW. Die andere Verbindungsrichtung wird freigegeben. In unserem Fall also hebt der DZGW auf die 5. Stufe und stellt einen abgehenden Rufumsetzer und Tonfrequenzübertrager und eine 4-Draht-Leitung in das Zentralamt 05 ein. Der ankommende Tonfrequenzrufumsetzer Üt belegt einen 4-Draht-GW in diesem Zentralamt, der als Netzgruppenwähler geschaltet ist. Der Teilnehmer hat inzwischen die weiteren Stellen der Kennzahl 4 und 6 gewählt, die im UWG, UWD und UWS gespeichert werden und mit etwa 300 ms Zeitabstand zwischen den Stromstoßreihen weitergegeben werden. Über die Dekade 4 des Netzgruppenwählers im Zentralamt 05 wird vierdrahtmäßig durchgeschaltet zu einem TRUW und einer 4-Draht-Leitung in das Hauptamt 541, wo wiederum ein ankommender TRUW belegt wird. Da in diesem Hauptamt ähnlich wie in dem Hauptamt 0352 die vierdrahtmäßig ankommenden und abgehenden Leitungen in allen Fällen auf 2-Draht-Ausgänge umgesetzt werden müssen, ist die Gabel unmittelbar mit dem TRUW verbunden und der daran angeschlossene Ämter-GW zweidrahtig angeschaltet. Dieser Ämter-GW stellt die Ziffer 6 ein und erreicht damit eine Leitung in das Knotenamt 0546, wo über einen Wechselstromübertrager Üg und einen ankommenden Wechselstromübertrager Ük ein Verbindungsgruppenwähler VGW erreicht wird. Der Übertrager Ük kann, wenn nötig, einen Impulserneuerer oder eine Impulskorrektion erhalten. Mit Wahl der Ziffer 8 schaltet der VGW einen Üg zum Endamt an und über diesen wird der Ük des Endamtes mit dem ersten Impuls belegt. Mit Wahl der Ziffer 3 und 4 wird der gewünschte Teilnehmer erreicht. Wenn dieser frei ist, gibt der LW einen kurzen Stromstoß zurück in den UWG des Knotenamtes 0354, der den Zonennumrechner veranlaßt, die gewählte Kennzahl 5468 des Endamtes einschließlich der ersten Stelle der Ortsrufnummer in den Zonennumrechner zu übertragen, wo mit 1,7 Sek. Zeitbedarf die Zone festgestellt und mit Stromstößen in den UWG zurückübertragen wird. Dann ist der Zonennumrechner wieder frei. Im Zentralamt wurde der UWS mit Eingang des Freiimpulses abgeschaltet, in dem der betreffende Suchwähler im c-Ast unterbrochen wurde. Wäre der gerufene Teilnehmer besetzt oder hätte einer der GW durchgedreht, so wäre in den UWG ein langer Rückimpuls übertragen worden und dieser hätte die Verbindung unter Weitergabe dieses Impulses in den Gruppenwähler sofort durch Rückauslösung zusammengeworfen, worauf der Teilnehmer 9541 das Besetztzeichen aus dem Anrufsucher oder dem individuellen Anruforgan erhalten würde.

Beim Aushängen des gerufenen Teilnehmers 834 im Endamt 0546 gibt der Leitungswähler einen Aushängeimpuls von rund 160 bis 180 ms Dauer, welcher ins Knotenamt, Hauptamt, Zentralamt, Durchgangszentralamt, Ausgangszentralamt, Ausgangsamt, Knotenamt und schließlich ins Endamt zurück übertragen wird. Diese achtmalige Übertragung verlängert den Zeitbedarf für die Durchgabe auf etwa ⅓ Sekunde und dann ist die Sprechverbindung durchgeschaltet. In den sämtlichen Übertragern sind Gesprächsrelais G vorgesehen, welche die Verbindung durchschalten und dafür die Einstellstromkreise abschalten. Zugleich werden Leitungsverlängerungen und Zusätze für den Verstärkerbetrieb durch diese G-Relais auf den Gesprächszustand umgestellt. Beim Einhängen des gerufenen Teilnehmers gibt der Leitungswähler einen Rückimpuls normaler Länge, welcher durch alle Übertrager läuft, um sie in den Einstellzustand zurückzuschalten, so daß das G-Relais wieder abfällt und die Leitung auftrennt. Im Tonfrequenzrufumsetzer und Üt des Hauptamtes 0541 wird dieser Stromkreis auf 3 Sekunden Dauer verlängert und läuft im Sprechzustand durch bis zum Hauptamt 0352, wobei sämtliche Empfängerrelais der Tonfrequenzübertrager parallel ansprechen und nach zwei Sekunden die Rückschaltung in den Einstellzustand vorbereiten. Nach Abklingen des Impulses werden auch in diesen Übertragern die G-Relais abgeworfen und die Leitung ist in ihre Teilstücke aufgelöst. Der Tonfrequenzrufumsetzer und Übertrager Üt gibt den Einhängestromstoß nochmal als kurzen Stromstoß zum Verbindungsanfang zurück, so daß auch die vorgeordneten Wechselstromübertrager die G-Relais abwerfen. Nachläuten und Auslösen oder sonstige weitere Einstellvorgänge finden die Verbindung wieder im Einstellzustand vor und mit normalen Impulsen können die Empfänger der Übertrager betätigt werden. Wenn der Einhängezustand, der im UWG zeitlich überwacht wird, länger als 3 bis 4 Sekunden dauert, wird die Verbindung hinter dem UWG ausgelöst. Der rufende Teilnehmer erhält das Besetztzeichen. Wenn auch der rufende Teilnehmer einhängt, beginnt die Sendung der rufenden Nummer, in dem ein Kontakt r in der a-Leitung zum Anrufsucher und Vorwähler auf die Nummernsendekontakte des Amtes umschaltet. Für jeden Teilnehmer sind in entsprechender Gruppierung solche Sendekontakte vorgesehen, einer für die Gruppenkennziffer 95, einer für die Zehnerziffer 4 und einer für die Einerziffer. Wenn in diesem Stromkreis Arm- oder Wellenkontakte des Anrufsuchers mit herangezogen werden, sind für den 100teiligen Anrufsucher 21 Rahmenausgänge ausreichend, von denen jeder zu 3 Einzelfedern im Senderverteiler durchverdrahtet werden muß. Die Sendung der rufenden Nummer beginnt sofort, wird aber erst mit dem Einsatz der Nullpunktphase im UWG weitergeleitet. Der UWG hat den Zetteldrucker angefordert und überträgt auf diesen nunmehr die rufende Nummer 9541, dann wird die Verbindung vor dem UWG ebenfalls ausgelöst. Nunmehr wird aus dem UWG in den Zetteldrucker Kennziffer und gerufene Nummer, dann die gespeicherte Zone und Zeitdauer übertragen und registriert und dann löst der UWG den Zetteldrucker aus. Dieser holt sich aus dem gemeinsamen Zeit- und Datumgeber noch Gesprächsbeendigung und Datum und legt dann den Zettel ab.

Hätte der Teilnehmer 9541 „00" gewählt, so würde vom UWG gleichzeitig ein weiterer Suchwähler eingestellt, um den Schnellverkehrsplatz SPl über Stichleitung anzusteuern. Die Beamtin sieht eine Lampe aufleuchten, der rufende Teilnehmer erhält durch einen, vom UWD gegebenen Frei-Rückimpuls veranlaßt, aus seinem GW das Freizeichen, bis die Beamtin sich meldet. Dann wird dieser Teil der Verbindung durch einen langen Rückimpuls in die Sprechstellung geschaltet und das

Freizeichen abgetrennt. Der Teilnehmer nennt nun die gewünschte Nummer und den Namen des Bestimmungsamtes, den die Beamtin in die Kennzahl umsetzt und an ihrem Platz eintastet. Sobald das Anmeldegespräch beendet ist, kann sie den Sprechkipper aufrichten, und die Übertrager gehen wieder in den Einstellzustand zurück. Die vom Schnellverkehrsplatz ausgesendeten Stromstöße gehen, wie die vom Teilnehmer gewählten, vorwärts zum Verbindungsaufbau, zugleich aber nach rückwärts in den UWG, wo sie zur Gebührenerfassung in gleicher Weise gespeichert werden wie bei einer vollautomatischen Verbindung. Sobald die letzte Ziffer von der Tastatur ausgesendet ist, wird der Schnellverkehrsplatz abgeschaltet, es sei denn, daß mit dringender Gebühr angemeldet war und der Platz noch allenfalls eine Aufschaltung zu vollziehen hatte.

Der Schnellverkehrsplatz wird im Hauptamt zweckmäßig im 2-Draht-Teil angeschaltet, im Zentralamt dagegen für die aus der Netzgruppe kommenden Verbindungen im 2-Draht-Teil, für die weiteren im 4-Drahtteil.

Die 4-Draht-Durchschaltung ist für das Zentralamt 051 doppelt dargestellt, einmal derart, daß bei Verbindungen, die nicht zu einer weiteren 4-Draht-Verbindung führen, die Gabel über Ruheseite eines Umschaltekontaktes direkt am ankommenden Übertrager liegt und so den 2-Draht-Weg einstellt.

Daneben ist eine Ausführungsform gezeigt, nach der beim ankommenden Tonfrequenzrufumsetzer Üt zunächst ein 4-Draht-GW vorgesehen ist, welcher dann über bestimmte Hubschritte im Bedarfsfalle den 2-Draht-Ausgang einzustellen hat. Die letztere Anordnung legt eine Schaltstelle in den 4-Draht-Teil, vermehrt dafür die Zahl der notwendigen Gabelschaltungen. Die Praxis muß entscheiden, welche Form die zweckmäßigere ist.

Verbindungen im Netzgruppenverband, also von einem Hauptamt zum Nachbarhauptamt, werden von einem Suchwähler hinter dem UWD zweidrahtig zum Üt durchgeschaltet und der ankommende Üt stellt dann den ankommenden Ämtergruppenwähler ein, wie dies im Hauptamt 0541 dargestellt ist.

Die Entwicklungsjahre von 1922 bis 1933, die ich unter Leitung von Herrn Präsidenten Dr. Steidle erleben durfte, die dabei gewonnenen Erfahrungen haben in den vorliegenden Vorschlägen ihren Niederschlag gefunden. Gerade seine Gepflogenheit, auf weite Sicht zu planen und bei aller Würdigung der Betriebsbedürfnisse sich erstrebenswerte neue Wege offen zu halten, legten mir diese Planungsvorschläge nahe, die eine sinngemäße Weiterführung der 1933 gewaltsam unterbrochenen Zusammenarbeit darstellen.

Abbildungsverzeichnis

Abb.	Gegenstand	im Text Seite
1	Zonen-Umrechner	7
2	Normalstruktur einer Netzgruppe	10
3	Dämpfungsaufteilung im Überweisungsnetz	11
4	Dämpfungsaufteilung im Selbstwählnetz (bisher)	11
5	Dämpfungsaufteilung im Selbstwählnetz (neu)	11
6	Zentralverbände des Landesnetzes	13
7	Netzgruppenverbände, Haupt- und Knotenämter des Landesnetzes	14
8	Begriff des Bipoles	15
9	Querverbindungsmöglichkeiten innerhalb der Netzgruppe und im Netzgruppenverband	15
10	Knotenamt mit 9 + x Endämtern, b) mit Kennziffernaushilfe	16
11	Netzgruppe mit Kernnetz	16
12	Knotenamt mit 9 + x Endämtern, a) mit verdeckter Kennziffer	17
13	Latente Bündeltrennung, Ausschaltung des Knotenamtes	17
14	Speicher mit Verkehrslenkung im UWS	19
15	Endamt für 200 Teilnehmer	22
16	Endämter verschiedener Ausführungen mit offener und mit verdeckter Kennzahl	23
17	Wählerübersichtsplan eines Knotenamtes	24
18	Wählerübersichtsplan eines Hauptamtes	25
19	Wählerübersichtsplan eines Zentralamtes	26
20	Normalübertrager für Wechselstrom- Wahl	30
21	Wälzmagnet	36
22	Vorwählerrahmen mit Wälzmagnet	36
23	Vergleich des Wälzmagneten mit dem Drehachsenmagneten	36
24	Zetteldrucker	37
25	Einsatz des Zetteldruckers im Sofortverkehr nach dem Doppelbetriebssystem	38
26	Einsatz des Zetteldruckers im Rückruffernverkehr und Zettelmuster	39
27	Mehrfachzählung durch Zeitabstufung	41
28	Durchgangsverbindung im Landeswählnetz	42

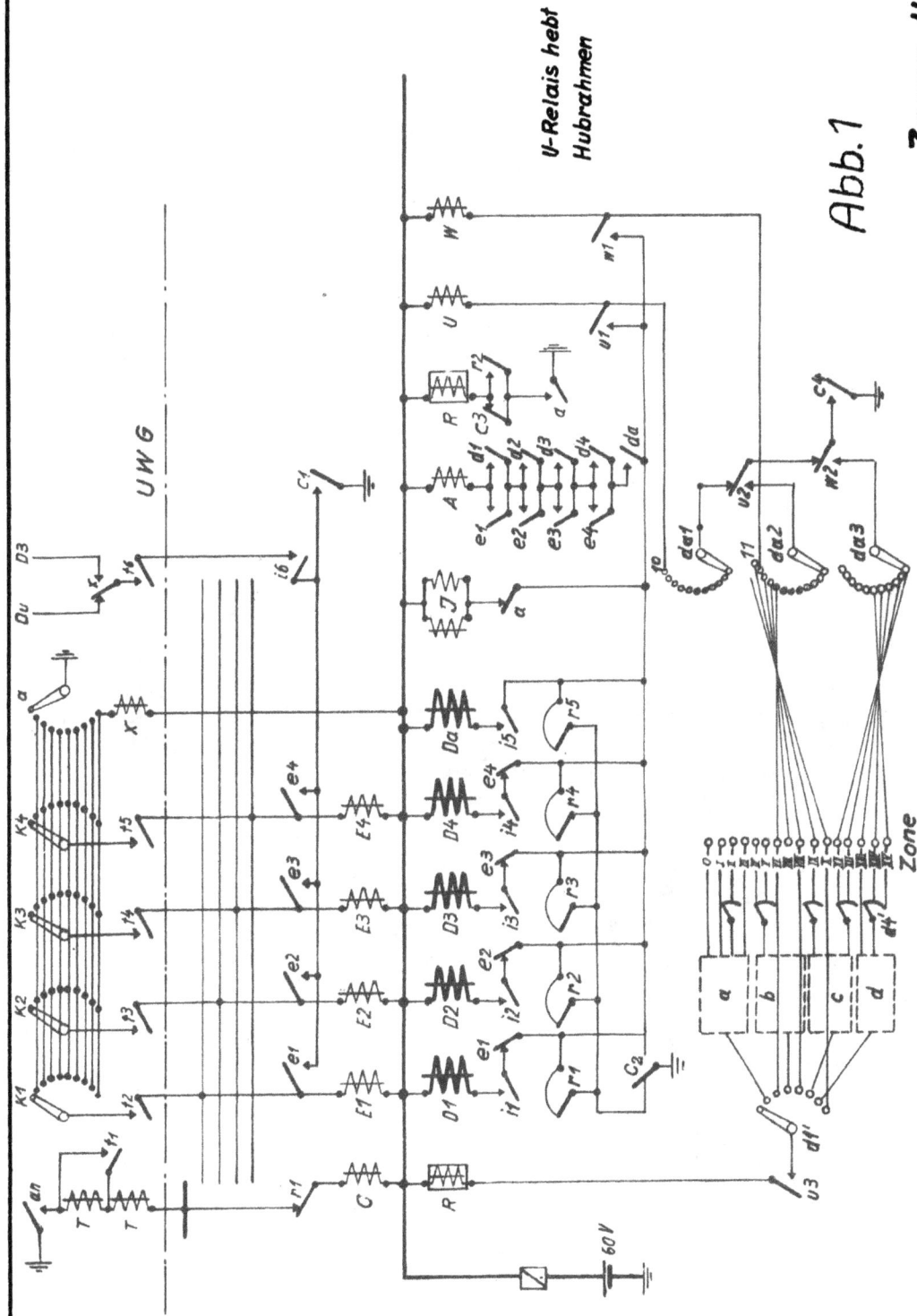

Zonen-Umrechner

Abb. 1

b) Quadratische Zelle

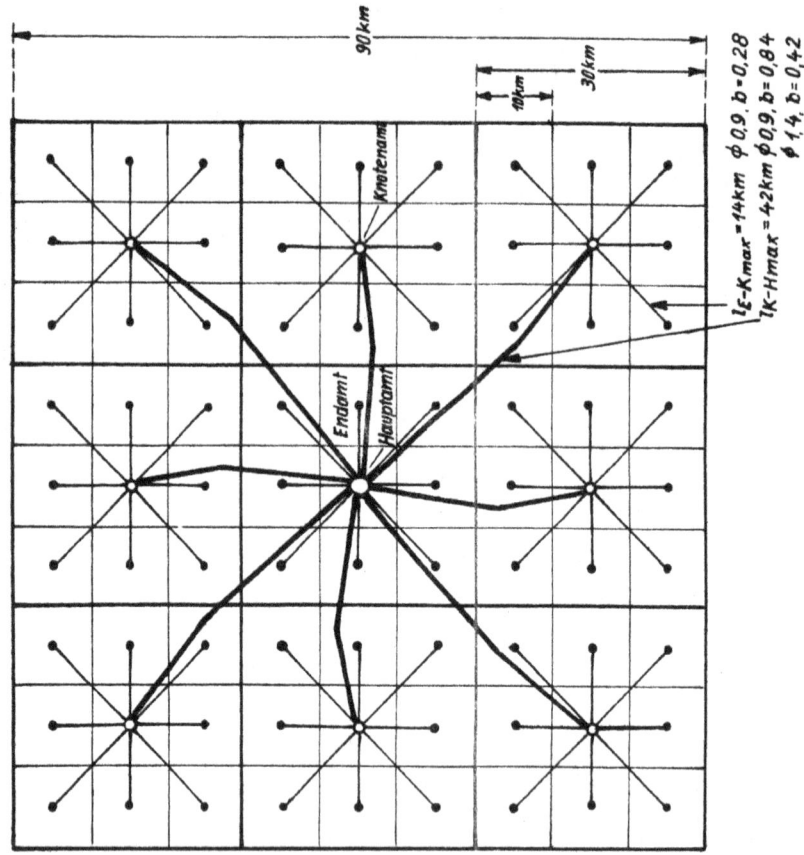

90 km
30 km
10 km

Knotenamt

Endamt
Hauptamt

$l_{E-K max} = 14 km$ $\phi\, 0.9,\ b = 0.28$
$l_{K-H max} = 42 km$ $\phi\, 0.9,\ b = 0.84$
$\phi\, 1.4,\ b = 0.42$

a) Kreis - oder Sechseckzelle

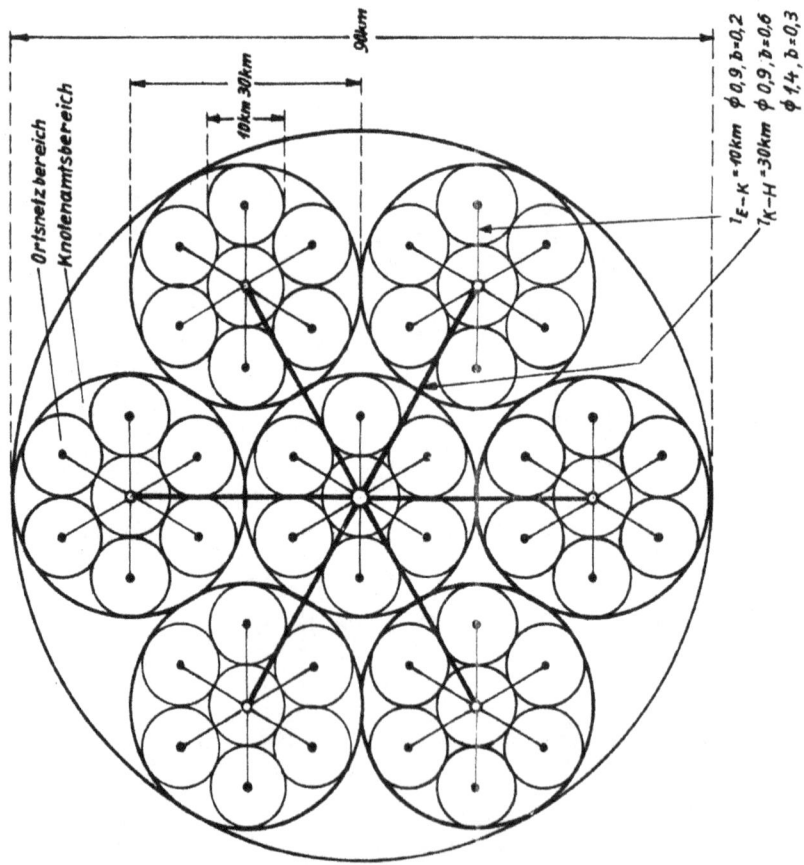

90 km
10 km 30 km

Ortsnetzbereich
Knotenamtsbereich

$l_{E-K} = 10 km$ $\phi\, 0.9, b = 0.2$
$l_{K-H} = 30 km$ $\phi\, 0.9, b = 0.6$
$\phi\, 1.4,\ b = 0.3$

Abb. 2   Normalstruktur einer Netzgruppe

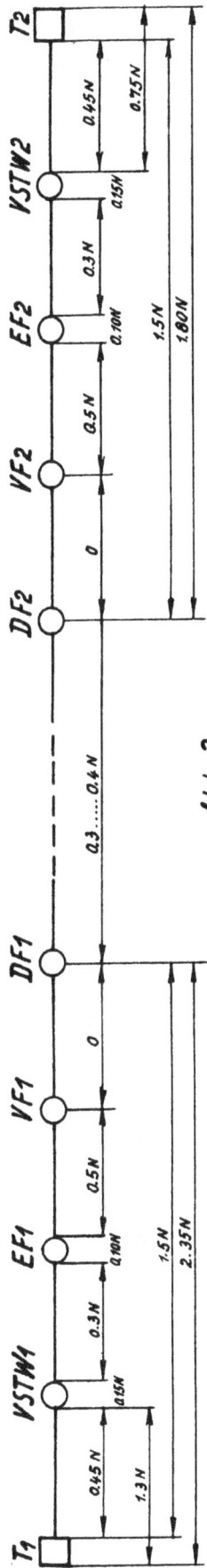

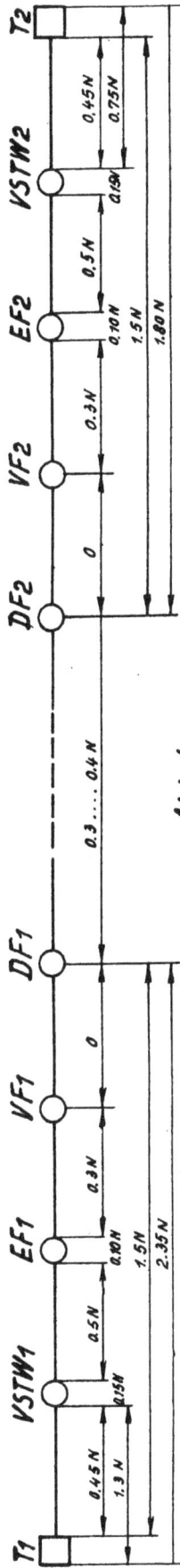

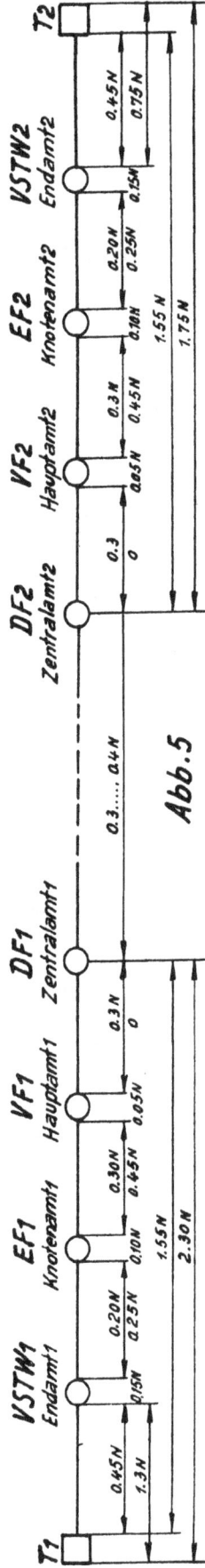

Abb. 3

Abb. 4

Abb. 5

Dämpfungsaufteilung im Selbstwählnetz

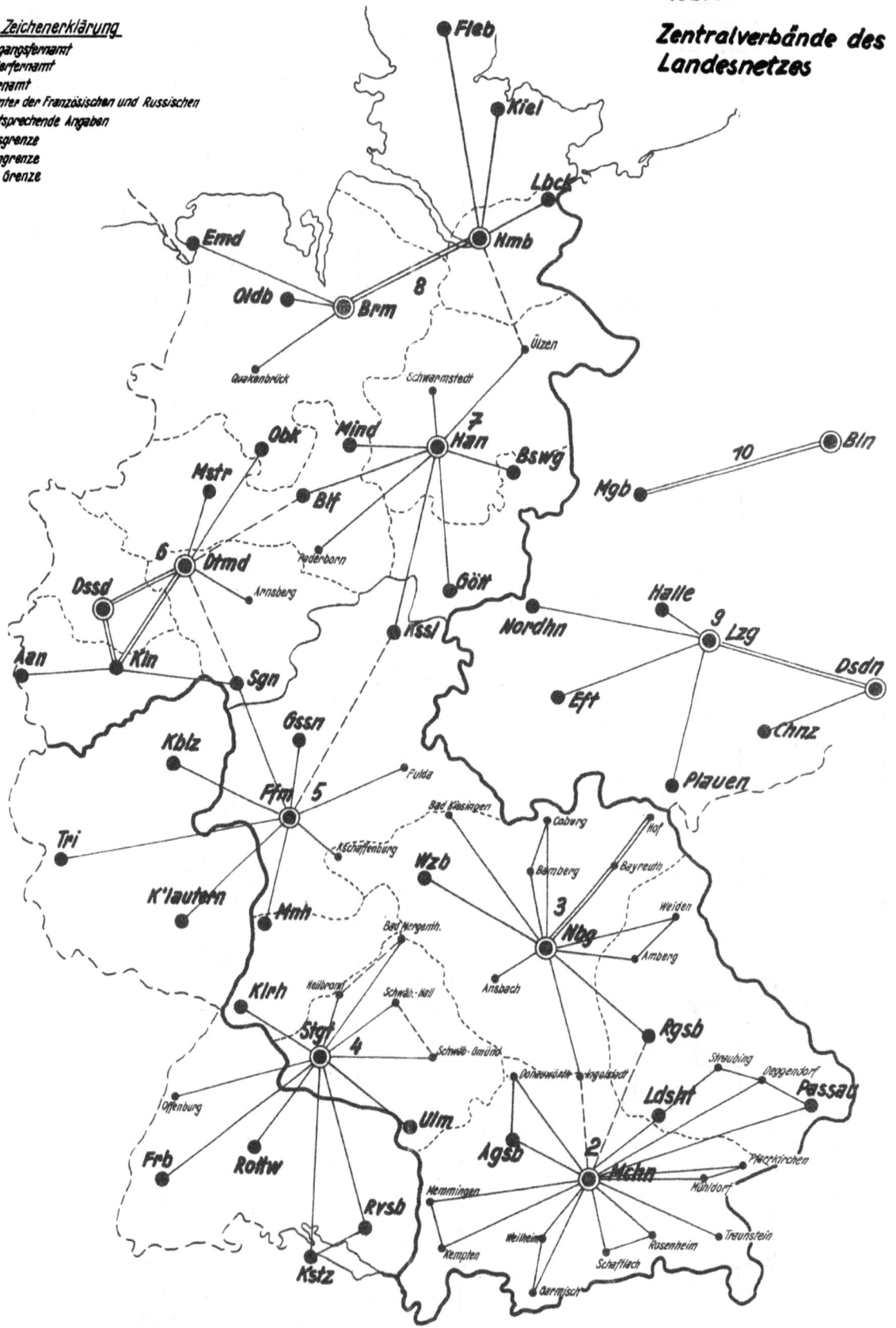

Abb. 6

Zentralverbände des Landesnetzes

Zeichenerklärung
- Durchgangsfernamt
- Verteilerfernamt
- Endfernamt
Für die Fernämter der Französischen und Russischen Zone fehlen entsprechende Angaben
Reichsgrenze
Zonengrenze
OPD - Grenze

Abb. 7

Netzgruppenverbände, Haupt- und Knotenämter des Landesnetzes

Zeichenerklärung

⊙ = Durchgangsfernamt
● = Verteilerfernamt
• = Endfernamt

Für die Fernämter der Französischen und Russischen
Zone fehlen entsprechende Angaben.

– – – = Reichsgrenze
——— = Zonengrenze
······· = OPD-Grenze

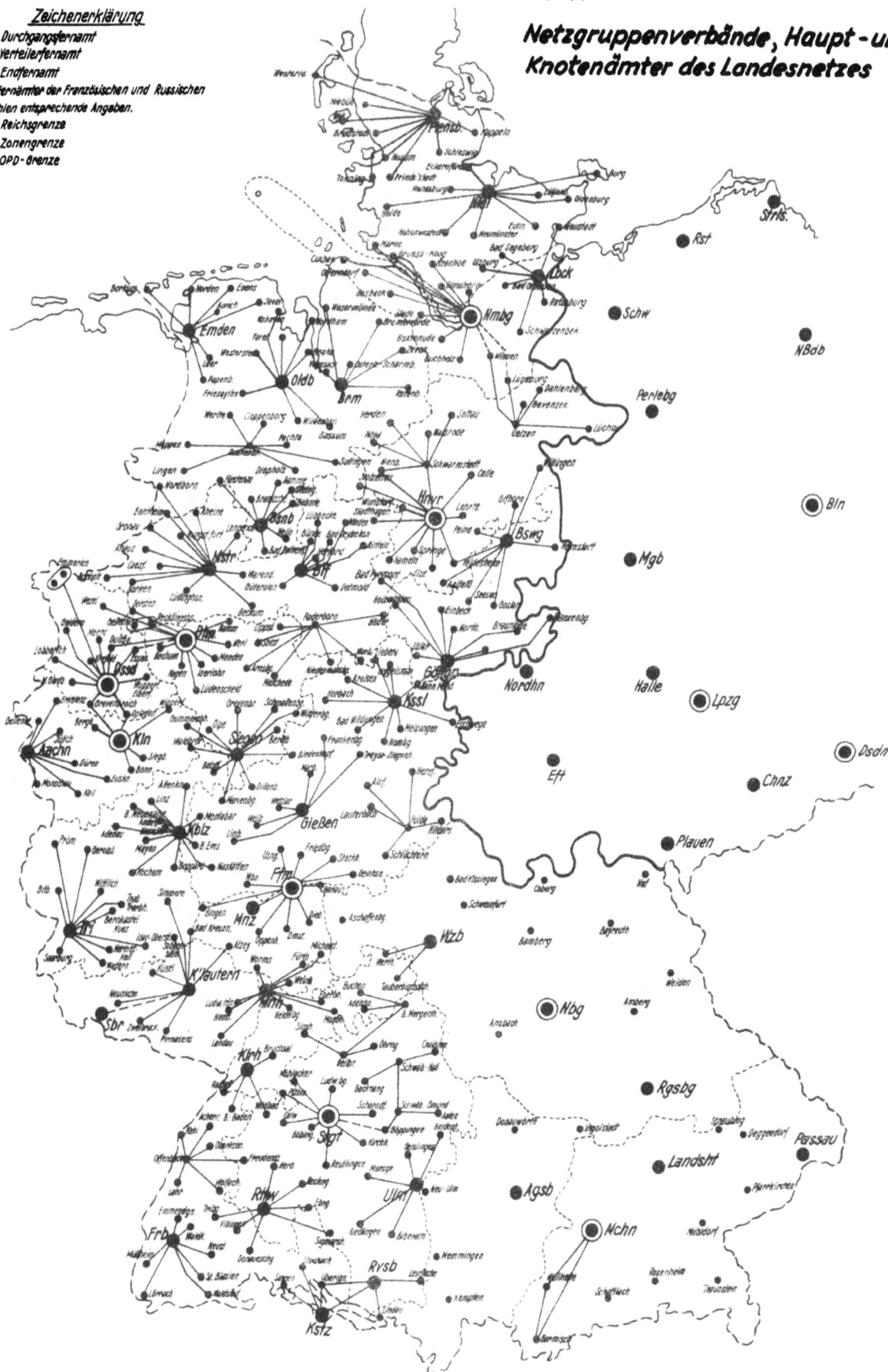

Flensb. Kiel Lbck Srfls.
Rst Schw NBdb
Nmbg Perlebg
Emden Oldb Brm Perlebg Uelzen
Hnvr Bswg Bln
Osnb Mgb
Nstr Blf Halle Lpzg
Ssd Dtm Göttgn Nordhn Dsdn
Aachn Kln Siegen Kssl Eft Chnz
Koblz Gießen Plauen
Ffm Mnz Wzb Nbg
Trier K'lautern Mnh Rgsbg
Sbr Kirh Landsht Passau
Stgt Agsb
Rtw Ulm Mchn
Frb Rvsb
Kstz

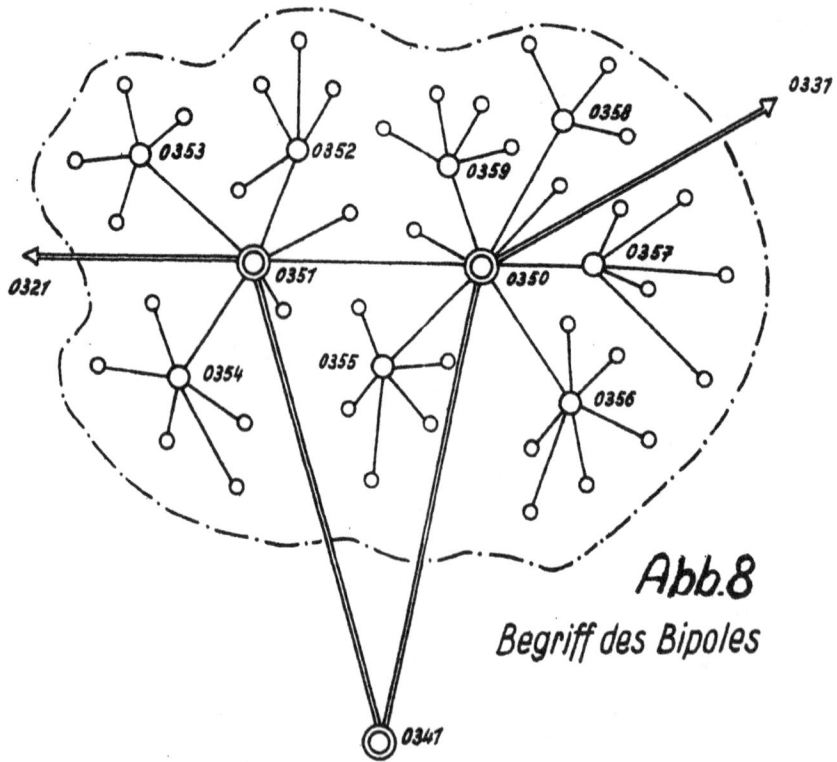

Abb. 8

Begriff des Bipoles

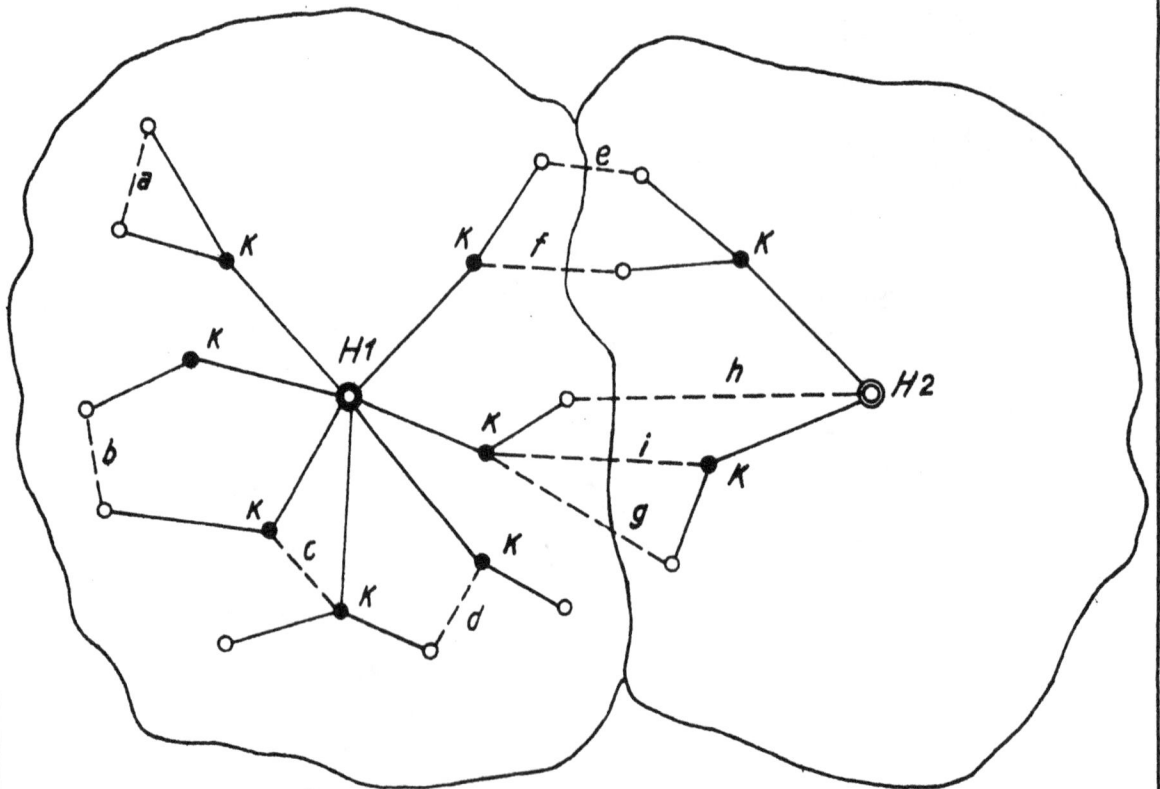

Abb. 9

Querverbindungs - Möglichkeiten

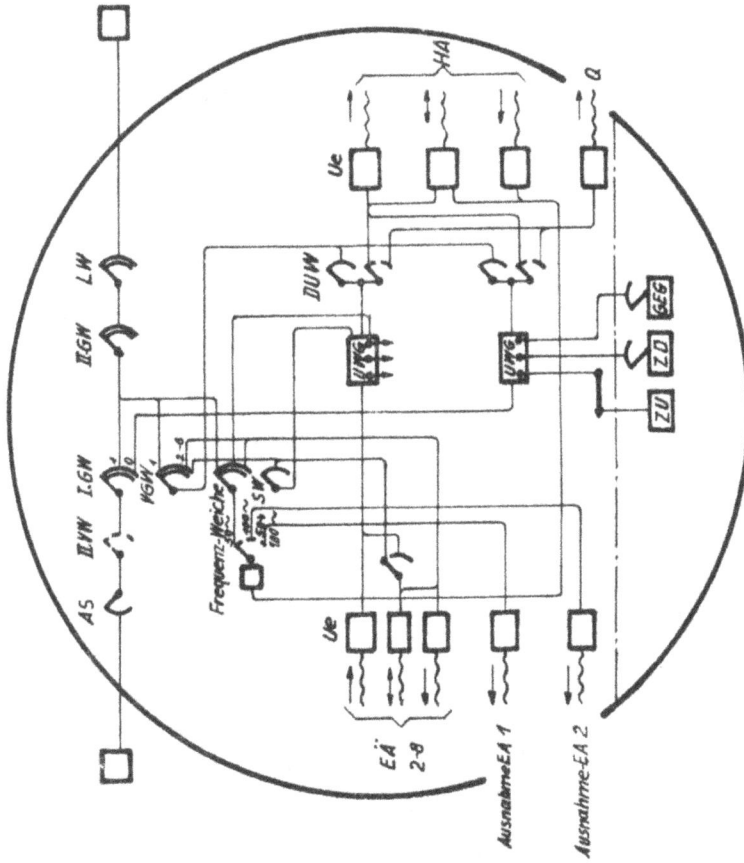

Knotenamt

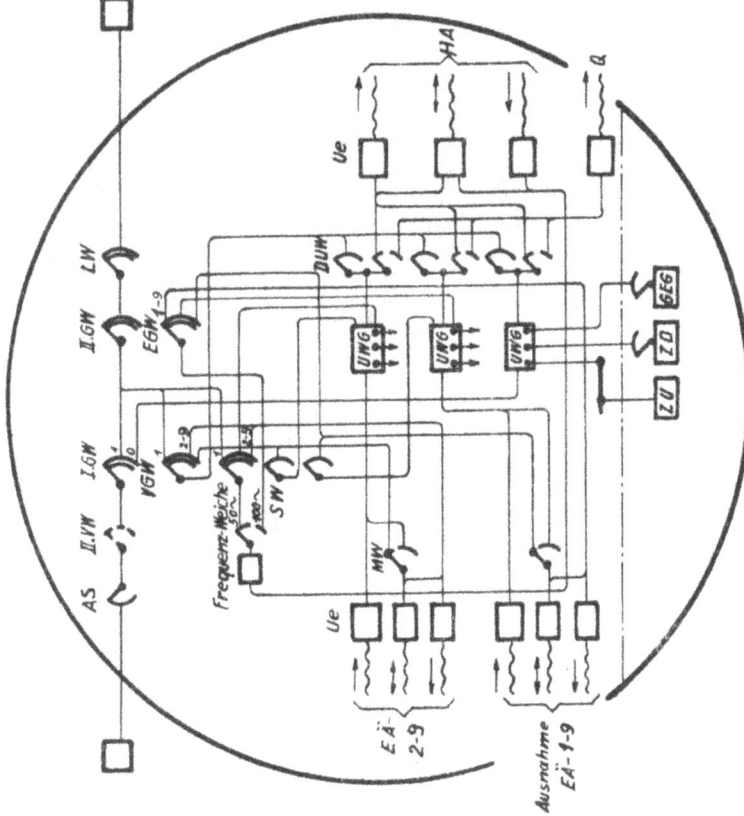

Knotenamt

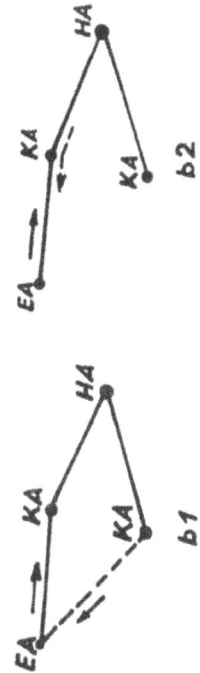

Knotenamt mit 9+x Endämtern
mit Kennzifferaushilfe.

Abb.10

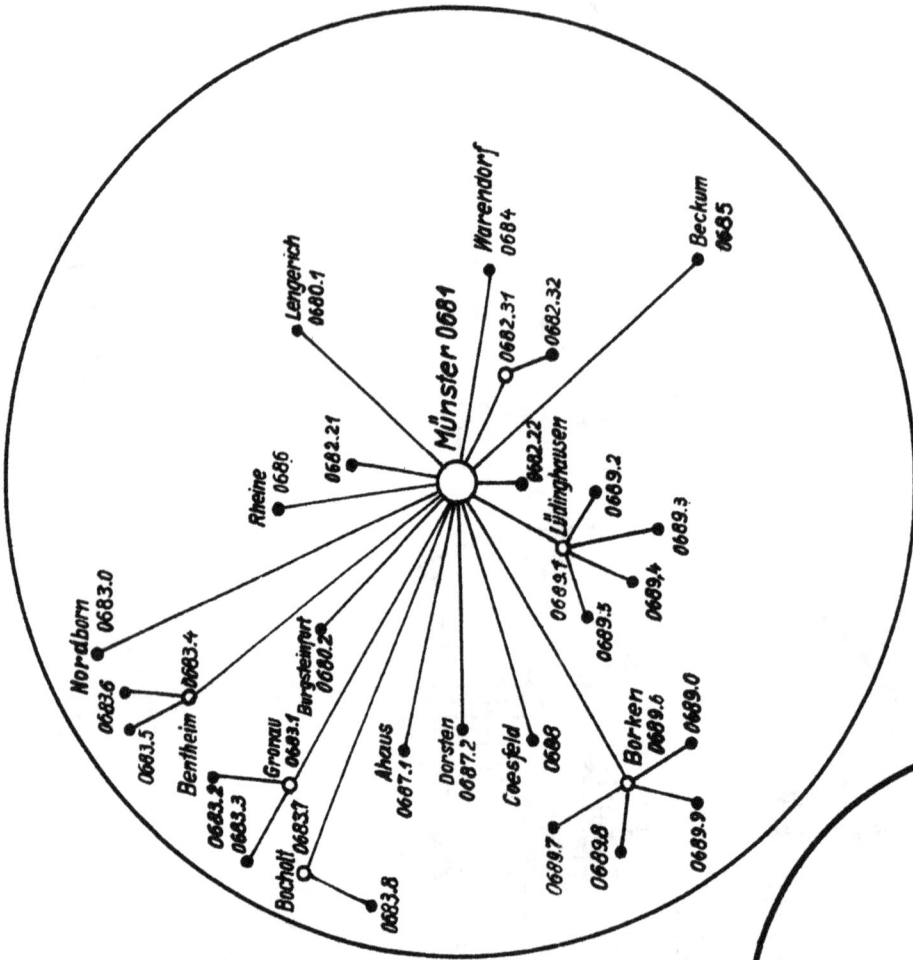

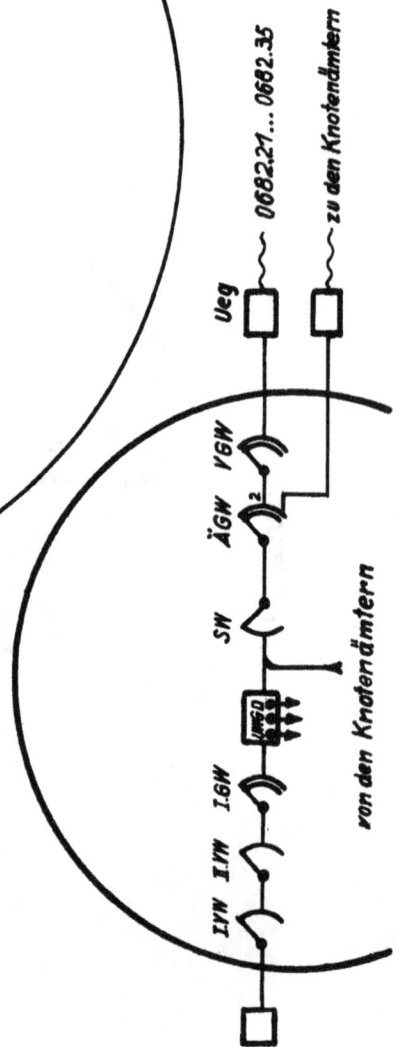

Abb.11

Netzgruppe mit Kernnetz.

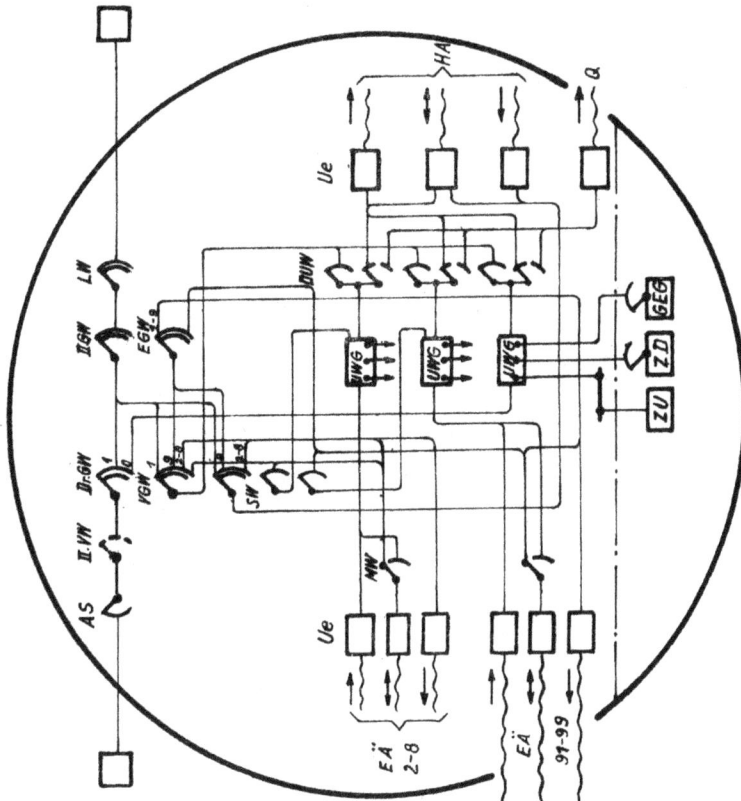

Knotenamt

Endamt Ausführung a

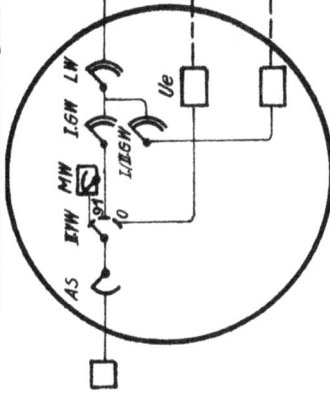

Endamt Ausführung b

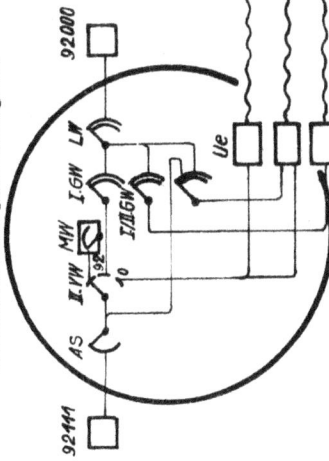

Endamt Ausführung c

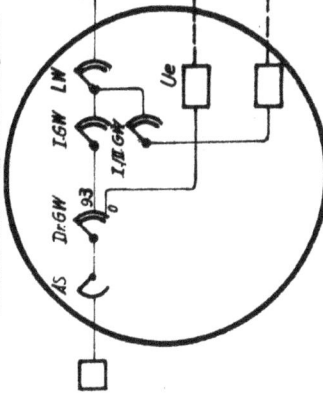

Knotenamt mit 9+x Endämtern
mit verdeckter Kennziffer (2-8,91,92.....)

Abb. 12

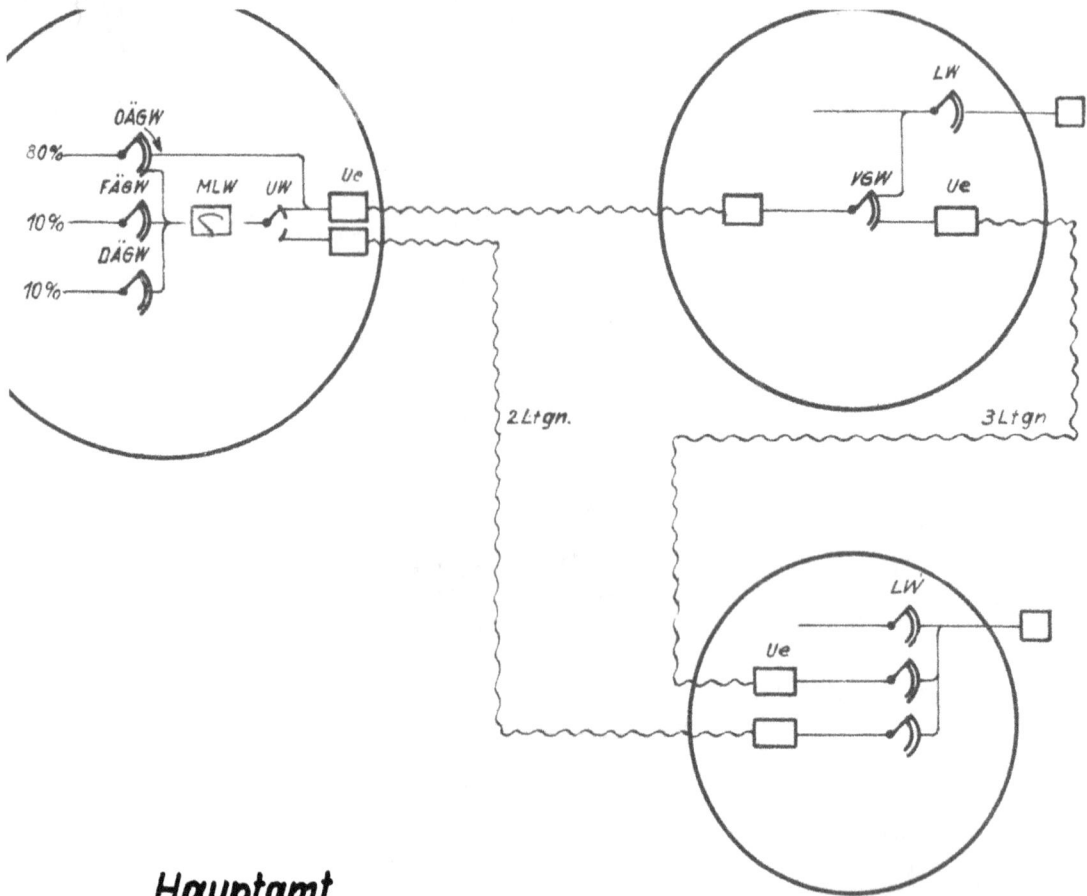

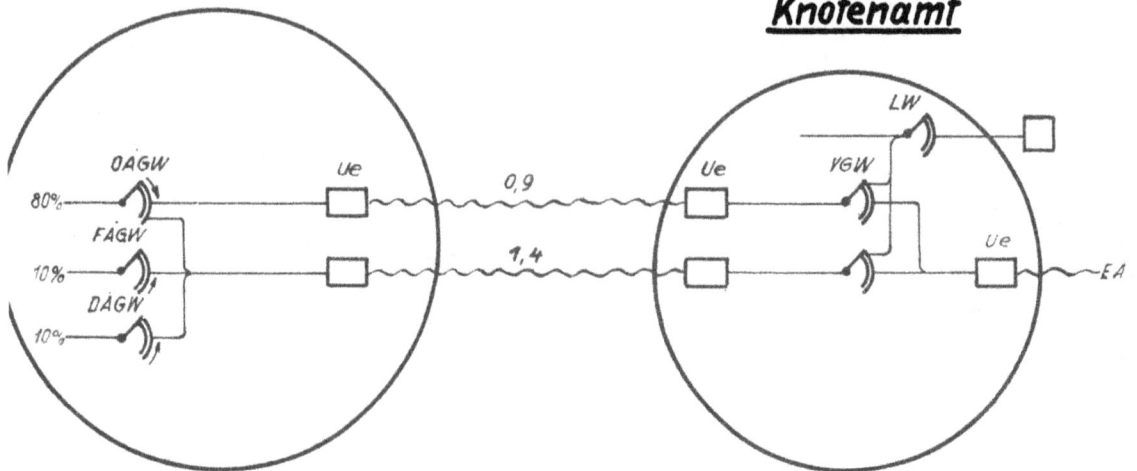

Abb.13

Latente Bündeltrennung
Ausschaltung des Knotenamtes.

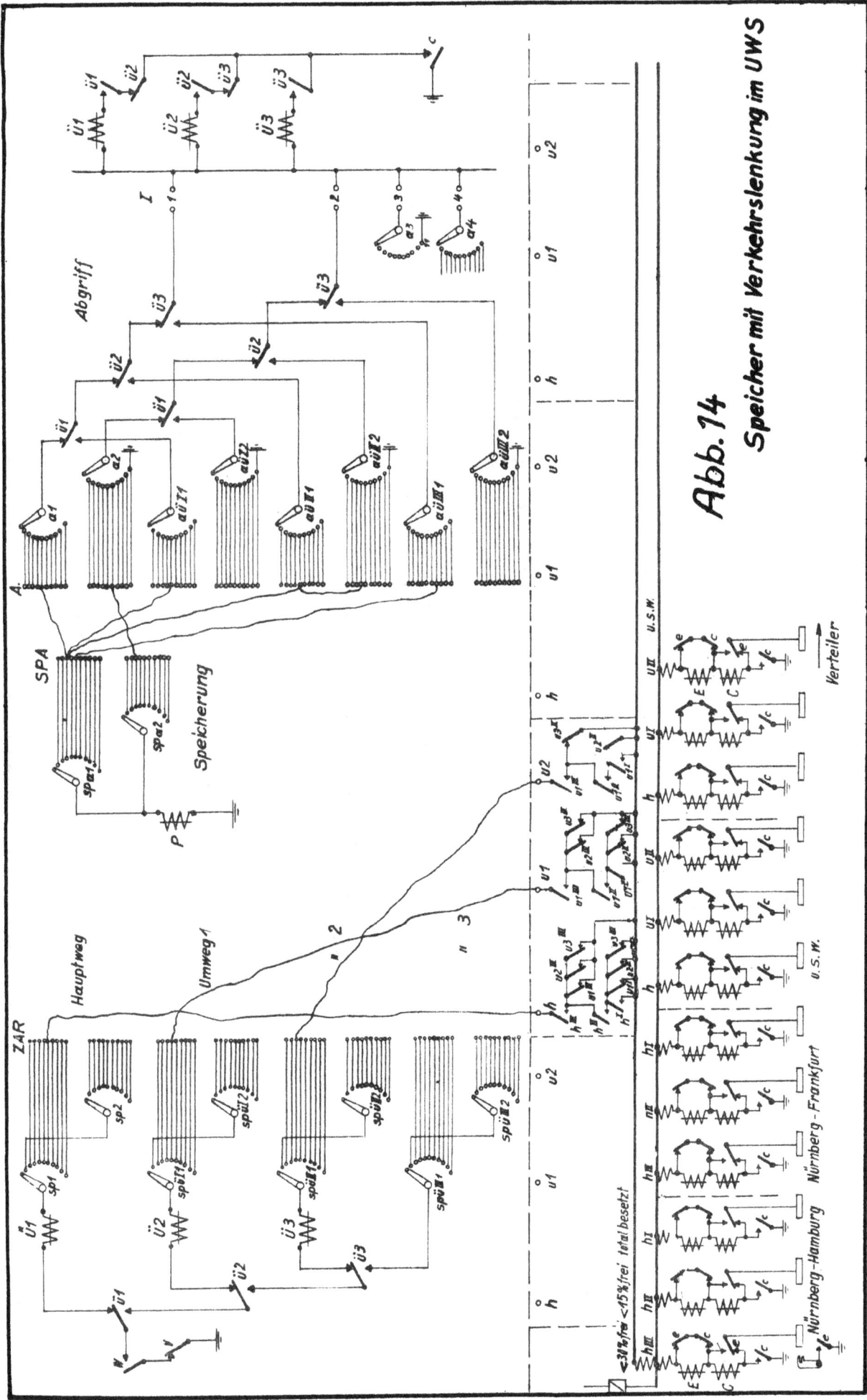

Abb. 14. Speicher mit Verkehrslenkung im UWS

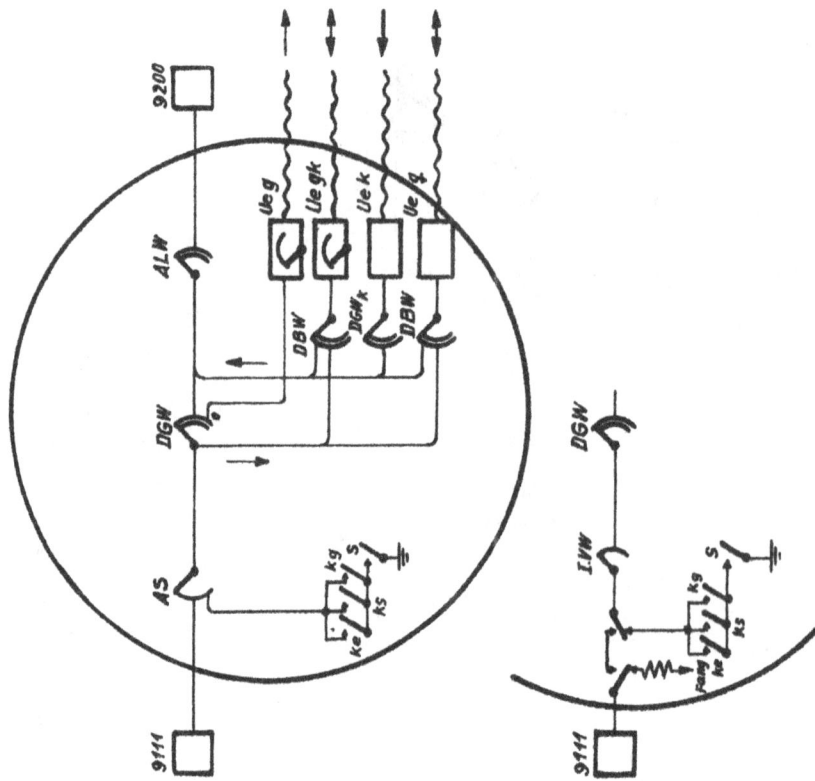

Abb. 15   Endamt für 200 Teilnehmer

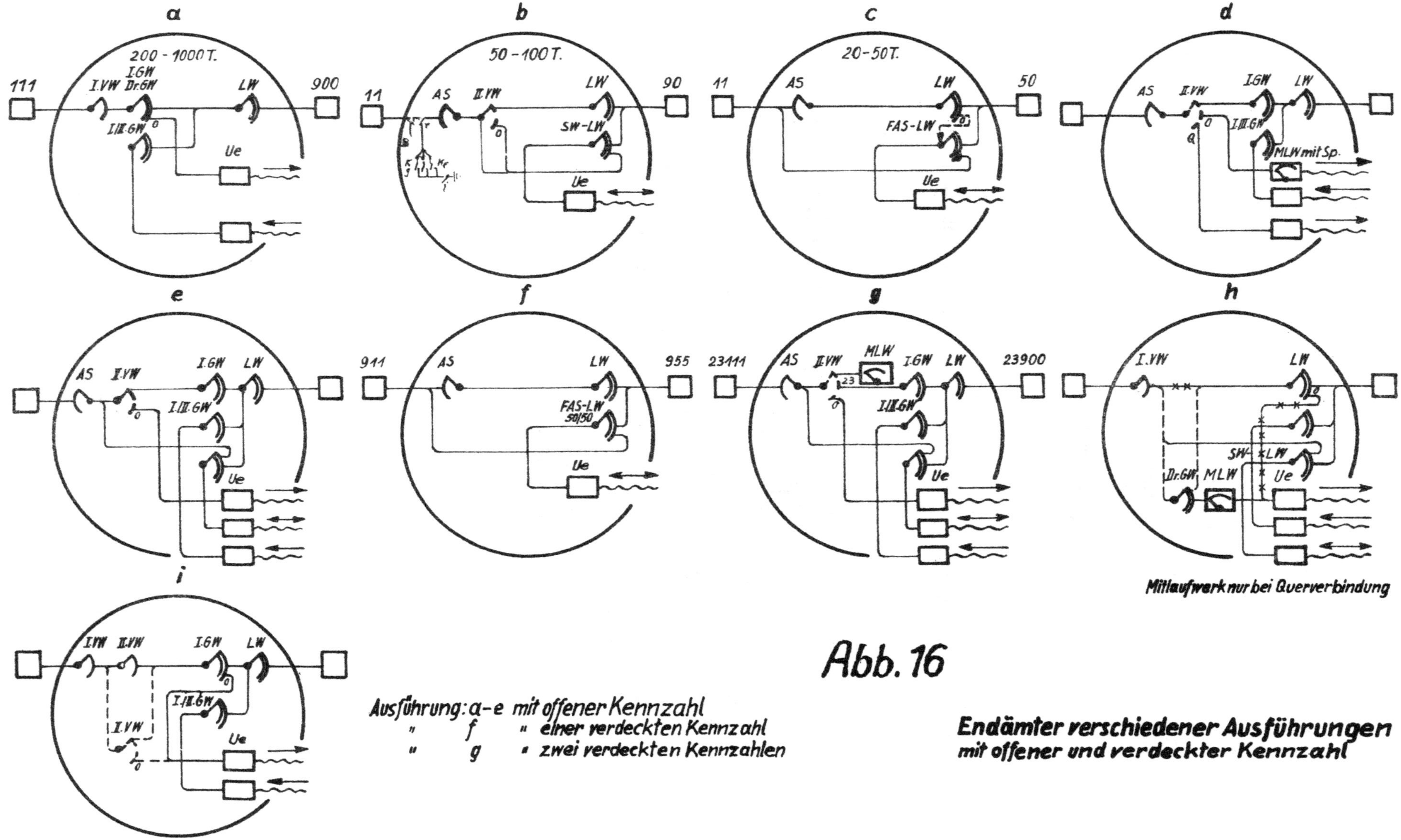

Endämter verschiedener Ausführungen
mit offener und verdeckter Kennzahl

Abb. 16

Ausführung: a–e mit offener Kennzahl
"   f " einer verdeckten Kennzahl
"   g " zwei verdeckten Kennzahlen

Knotenamt

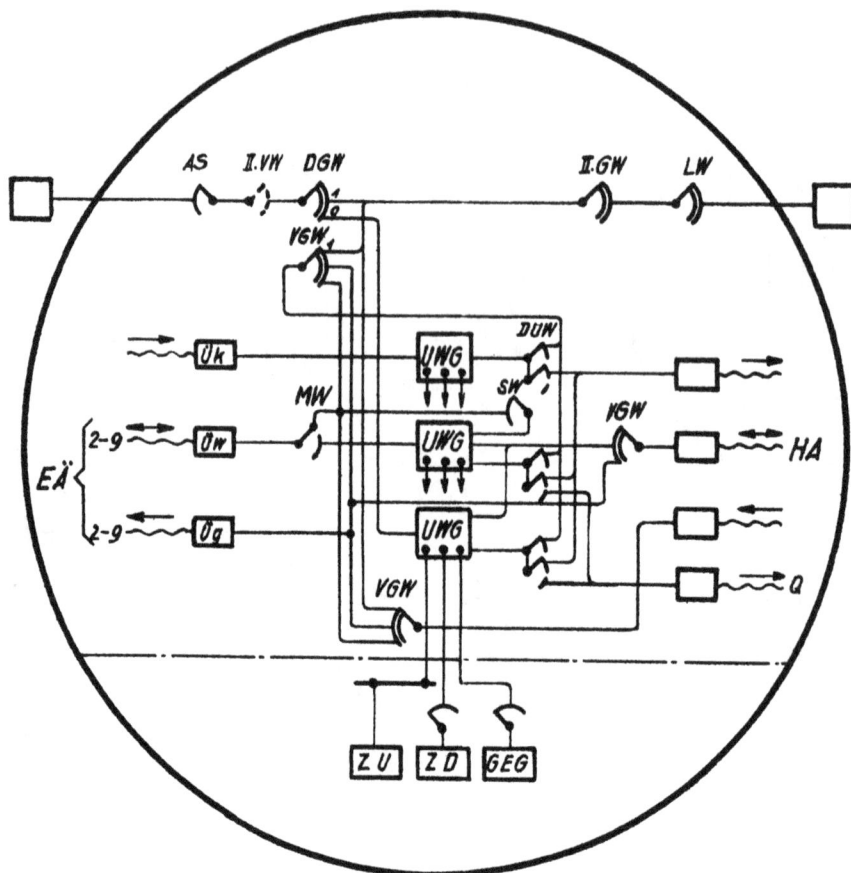

Abb. 17

Wählerübersichtsplan eines Knotenamts

Hauptamt

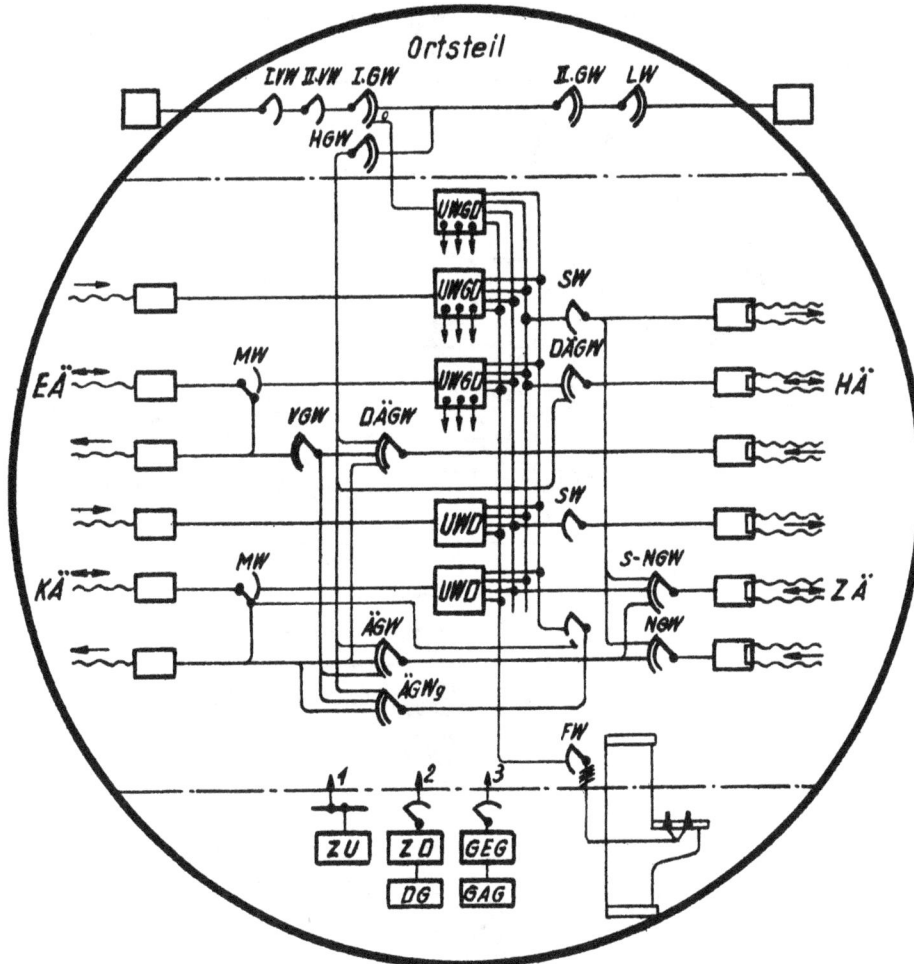

Abb. 18

Wählerübersichtsplan eines Hauptamts.

Zentralamt

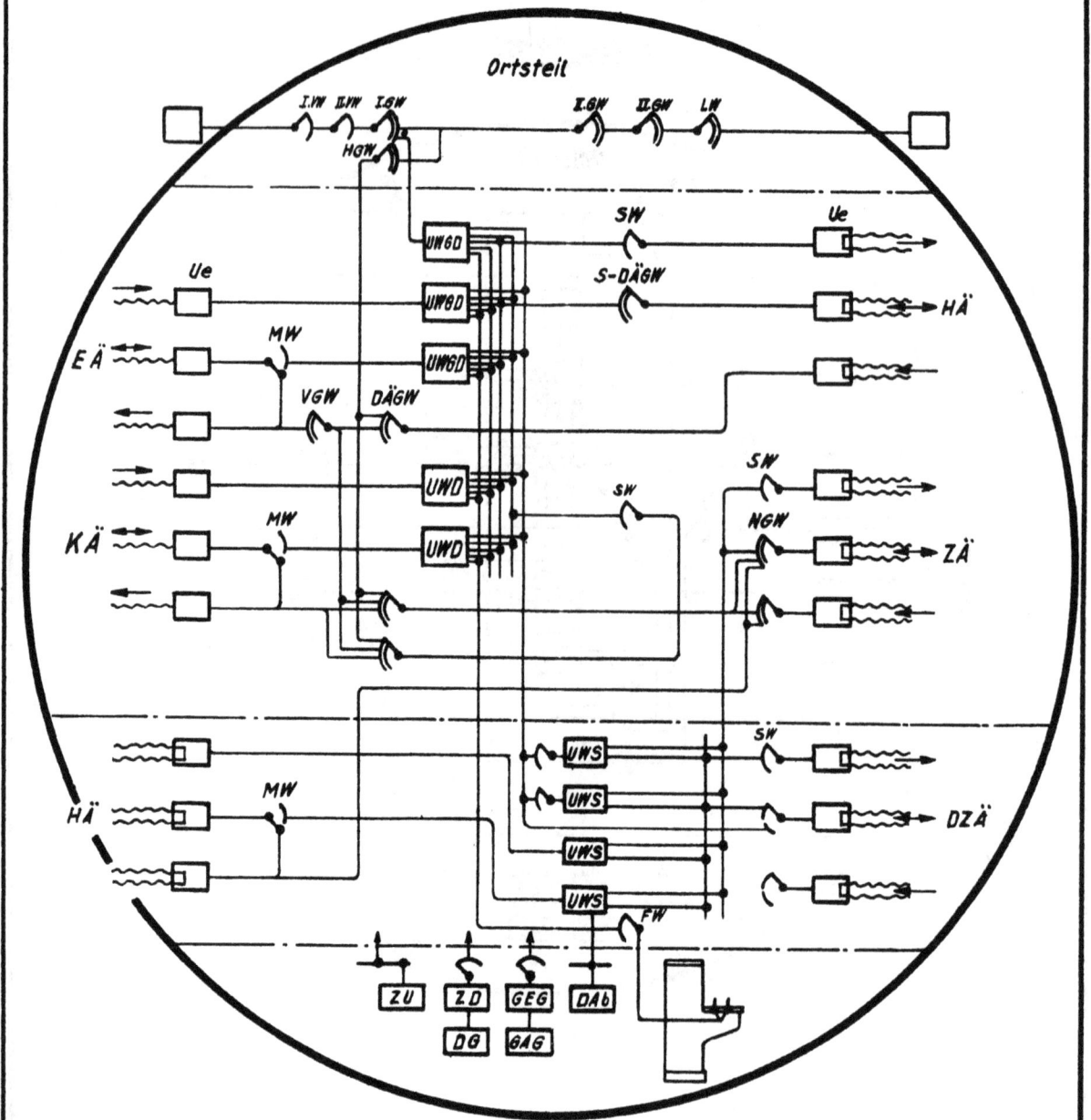

Abb. 19

Wählerübersichtsplan eines Zentralamts.

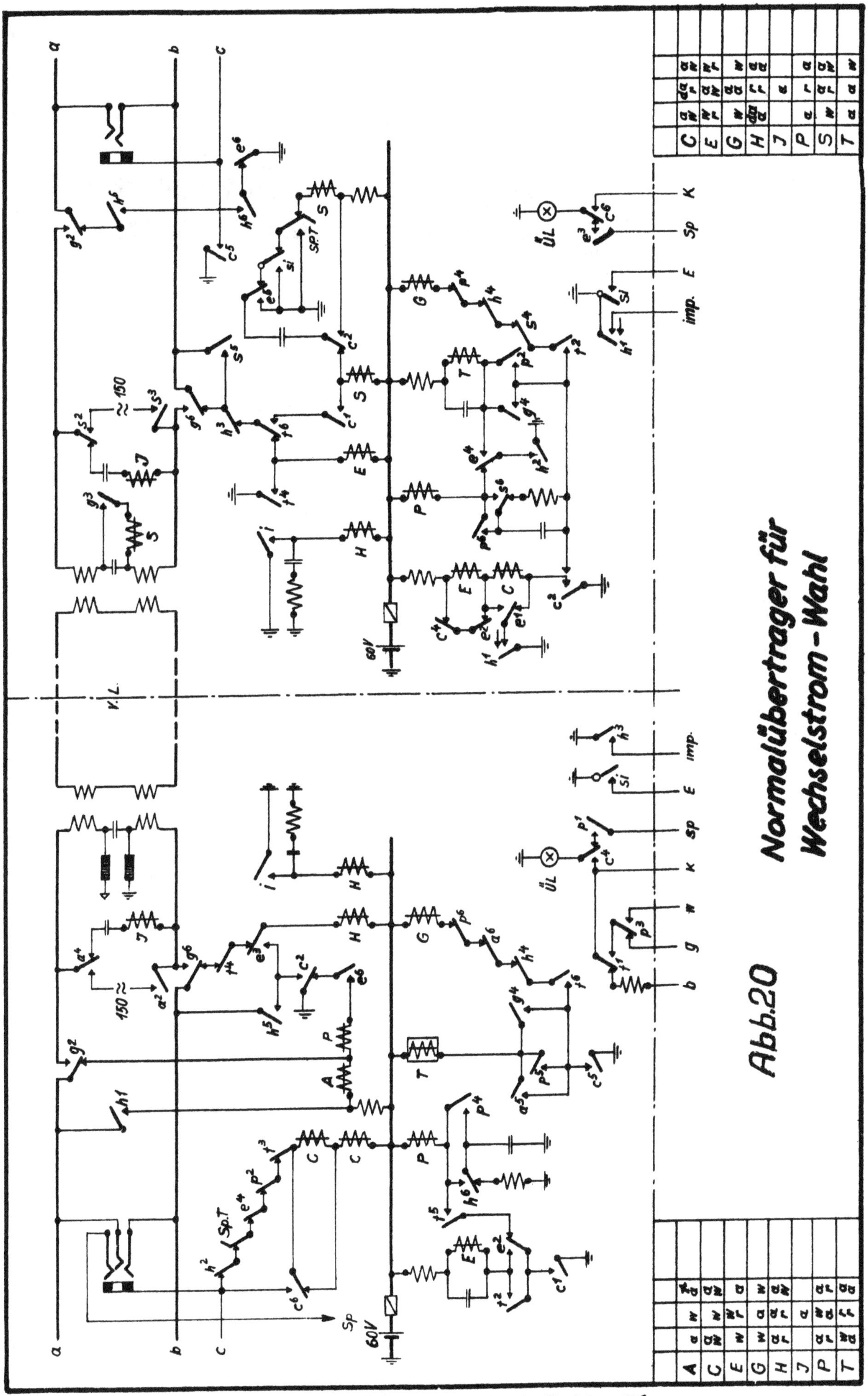

Normalübertrager für Wechselstrom-Wahl

Abb.20

Abb. 21 und 22 siehe Text Seite 36.

Abb. 23

Vergleich des Wälzmagneten mit dem Drehachsenmagneten

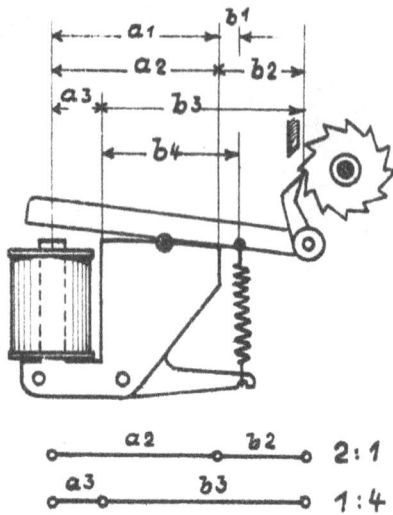

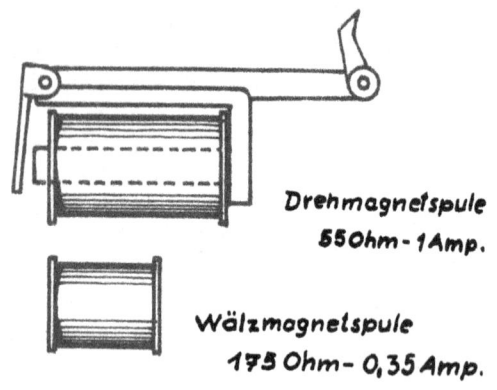

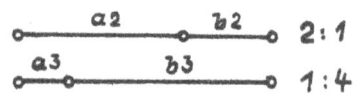

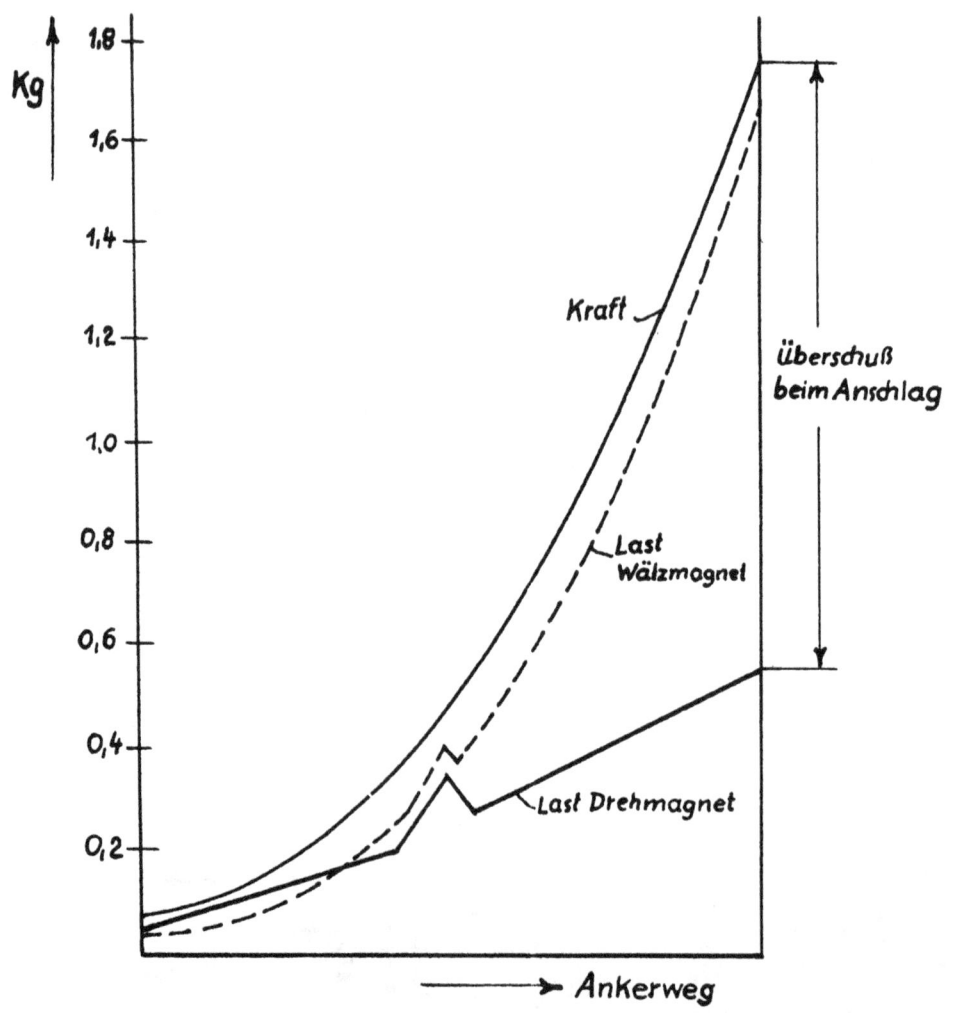

a₁ b₁
a₂ b₂
a₃ b₃
b₄

a₂ ——— b₂   2:1
a₃ ——— b₃   1:4

Drehmagnetspule
55 Ohm - 1 Amp.

Wälzmagnetspule
175 Ohm - 0,35 Amp.

Kg

1,8
1,6
1,4
1,2
1,0
0,8
0,6
0,4
0,2

Kraft

Last
Wälzmagnet

Überschuß
beim Anschlag

Last Drehmagnet

→ Ankerweg

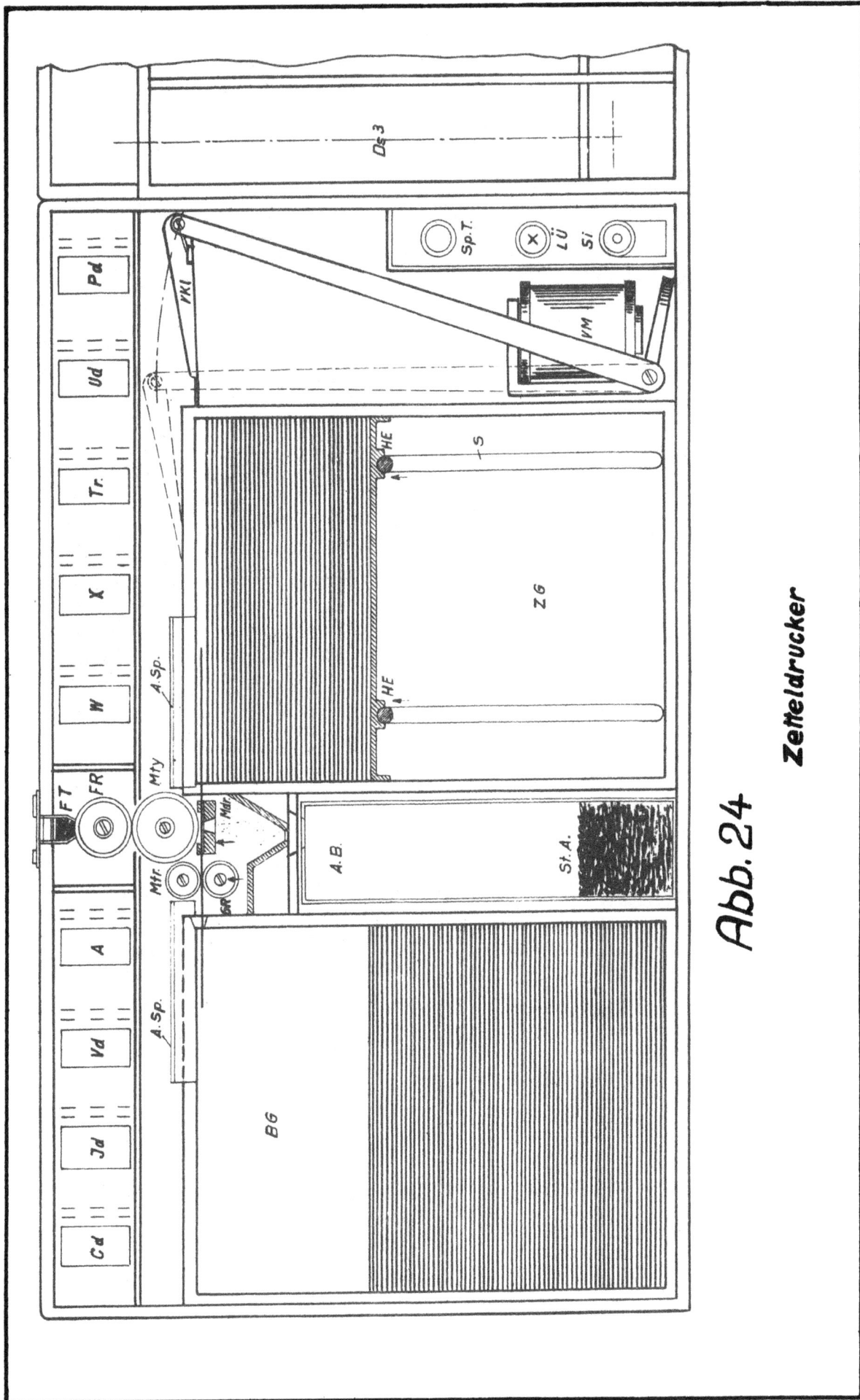

Abb. 24   Zetteldrucker

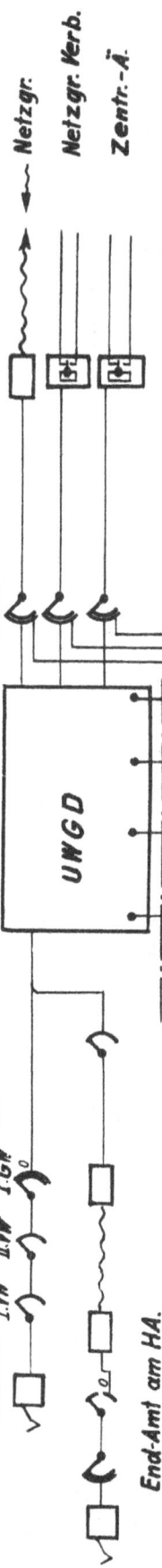
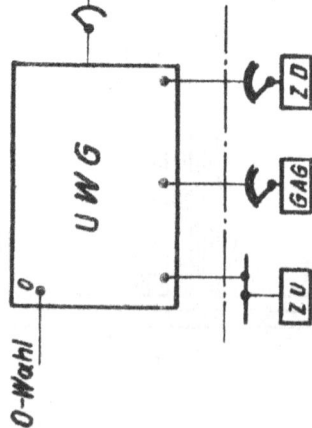
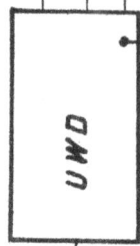
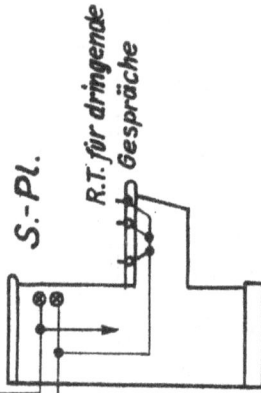

Abb. 25

Einsatz des Zetteldruckers im Sofortverkehr nach dem
Doppelbetriebssystem.

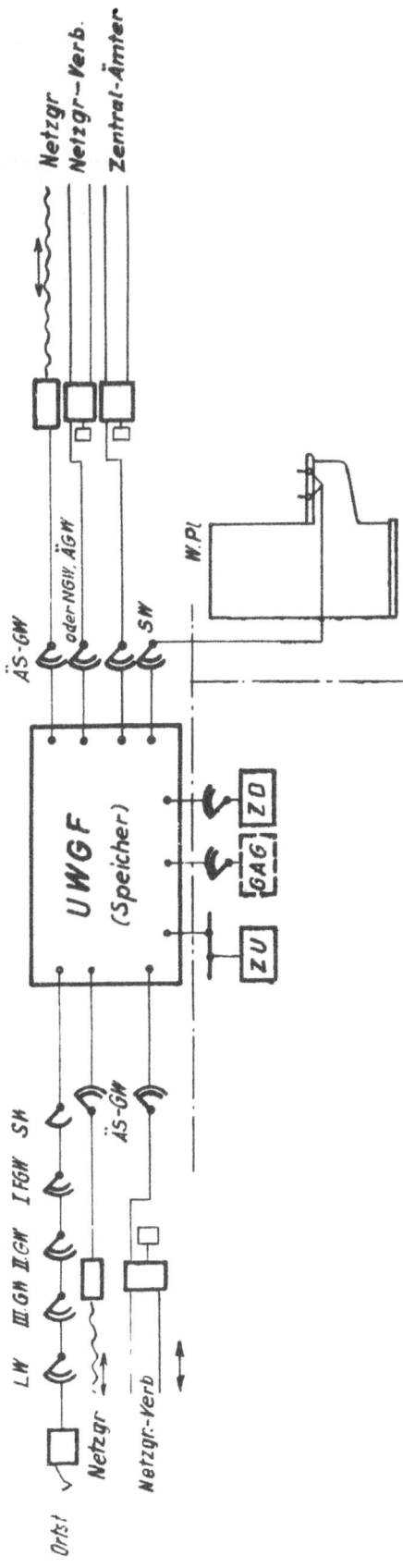

Beschaltung der Speicher.

Speicher	Stellung	Kennz. Rufend. T.
1	1	Kennz. R.T.
	2	"
	3	"
	4	Rufend. Nr.
2	1	Rufend. Nr.
	2	"
	3	"
	4	"
	5	"
3	6	Zone
	7	Minute
	8	Kennz. Ltg.
	9	"
	10	"

Netzgr.
Netzgr.-Verb.
Zentral-Ämter

ÄS-GW
oder NGW, ÄGW
SW
W.Pl.

UWGF (Speicher)

ZU   GAG   ZD

LW III.GW II.GW I.GW SW
Orts!
Netzgr.
Netzgr.-Verb
ÄS-GW

Deutsche Reichspost | Ferngespr. Zettel Nr. .... | Verm.-Stelle: Herrsching

(Kennz.) Rufend.Teiln.	Endf. Zone	Gespr. Min Tag	Nacht	Kennzahl. d Ltg.	Gespr.-Ende	Datum

Abb. 26

Einsatz des Zetteldruckers im Rückruffernverkehr und Zettelmuster.

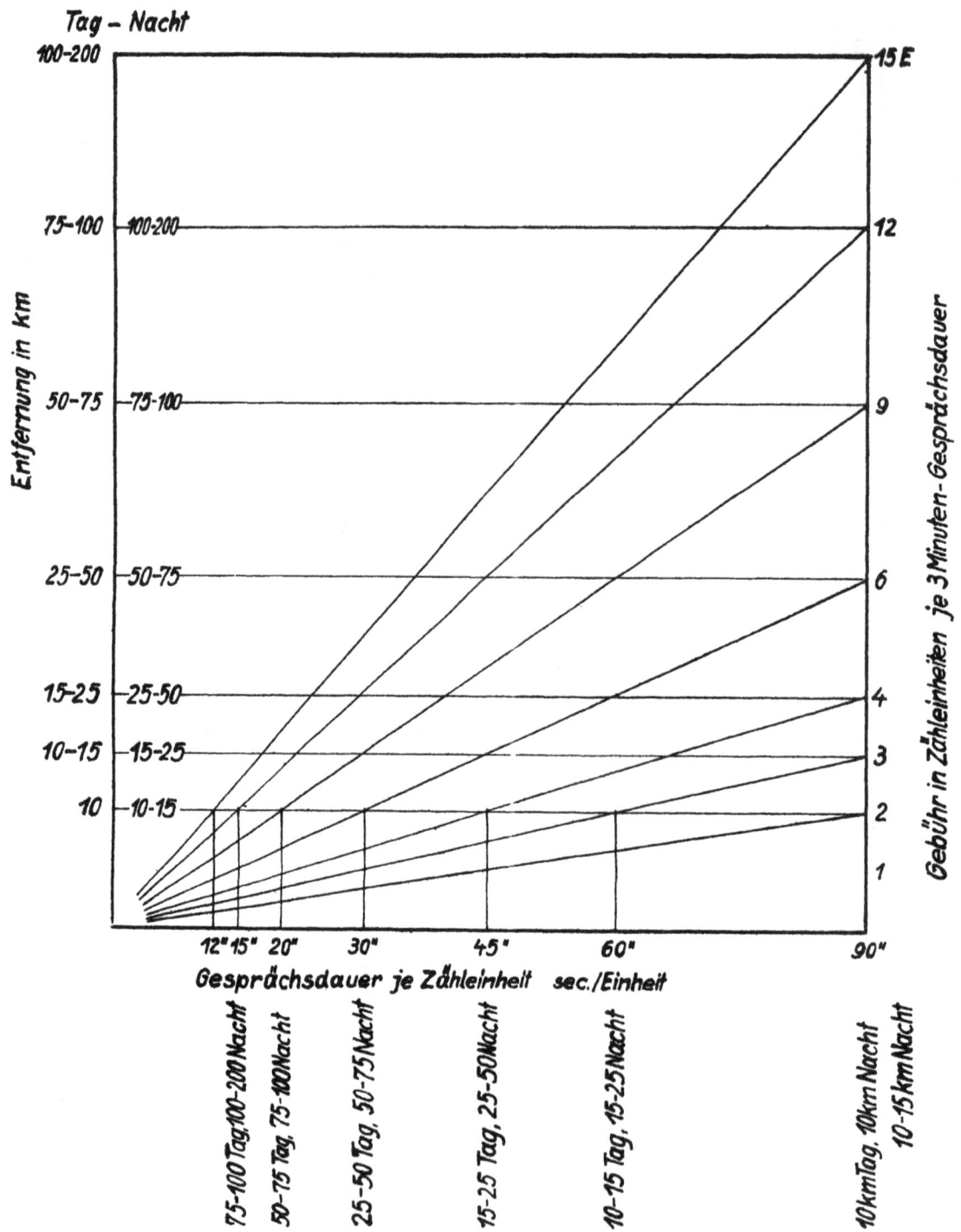

Tag – Nacht

Entfernung in km

100–200 — 15 E

75–100 — 100–200 — 12

50–75 — 75–100 — 9

25–50 — 50–75 — 6

15–25 — 25–50 — 4

10–15 — 15–25 — 3

10 — 10–15 — 2

12" 15" 20"   30"   45"   60"   90"

Gesprächsdauer je Zähleinheit   sec./Einheit

Gebühr in Zähleinheiten je 3 Minuten-Gesprächsdauer

75–100 Tag, 100–200 Nacht
50–75 Tag, 75–100 Nacht
25–50 Tag, 50–75 Nacht
15–25 Tag, 25–50 Nacht
10–15 Tag, 15–25 Nacht
10 km Tag, 10 km Nacht
10–15 km Nacht

Abb. 27

Zeitabstufungen bei Zählung während des Gesprächs

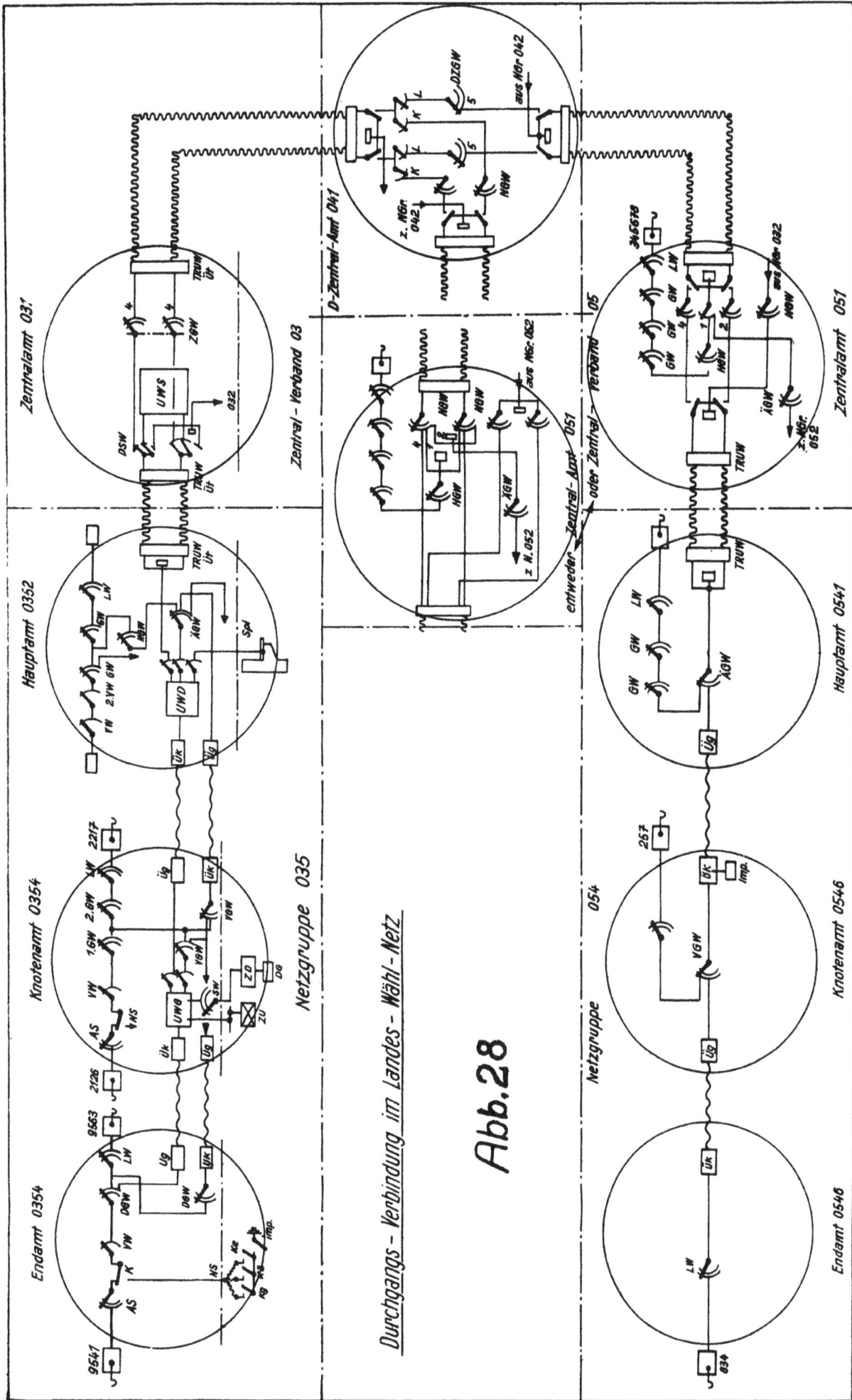

Durchgangs – Verbindung im Landes – Wähl – Netz

Abb. 28